MÉTÉOROLOGIE.

NOTICE

SUR

LES INSTRUMENTS ET LES OBSERVATIONS

DE L'ÉCOLE IMPÉRIALE D'APPLICATION DE L'ARTILLERIE ET DU GÉNIE,

SUIVIE

D'une discussion sur les erreurs à craindre dans les observations udométriques,

PAR C. M. GOULIER,

CHEF DE BATAILLON DU GÉNIE, PROFESSEUR DE TOPOGRAPHIE ET DE GÉODÉSIE
A L'ÉCOLE IMPÉRIALE D'APPLICATION DE L'ARTILLERIE ET DU GÉNIE,
MEMBRE TITULAIRE DE L'ACADÉMIE IMPÉRIALE DE METZ.

OBSERVATIONS FAITES A METZ EN 1862,

ACCOMPAGNÉES

D'UN TABLEAU SYNOPTIQUE QUI REPRÉSENTE GRAPHIQUEMENT
LA PLUPART DE CES OBSERVATIONS,

PAR F. BAUR,

MAÎTRE DE DESSIN ET CHEF DU BUREAU DES DESSINATEURS A L'ÉCOLE D'APPLICATION,
ET PROFESSEUR DE DESSIN A L'ÉCOLE INDUSTRIELLE DE LA VILLE.

(Extrait des Mémoires de l'Académie impériale de Metz, année 1862-63, 2e partie.)

METZ.
F. BLANC, IMPRIMEUR DE L'ACADÉMIE IMPÉRIALE.

1864.

NOTICE

SUR LES

INSTRUMENTS

ET LES

OBSERVATIONS MÉTÉOROLOGIQUES

De l'École impériale d'application de l'Artillerie et du Génie,

SUIVIE

D'UNE DISCUSSION SUR LES OBSERVATIONS UDOMÉTRIQUES,

PAR M. GOULIER.

Les observations météorologiques, que l'Académie impériale de Metz insère dans ses Mémoires, sont faites à l'École impériale d'application de l'artillerie et du génie. Elles ont été commencées en 1825, à l'instigation d'Arago, qui a veillé lui-même à l'installation des instruments. Les observateurs ont été : 1° de 1825 à 1851, M. Schuster, d'abord garde du génie, puis chef du bureau d'administration, et agrégé artiste de l'Académie [1]; 2° de 1852 jusque vers le milieu de 1861, M. Lavoine, qui avait succédé à M. Schuster dans les fonctions de chef de bureau d'administration [2]; 3° depuis le milieu de 1861

[1] Voir la *Notice sur M. Schuster,* par M. E. Grellois, dans les Mémoires de l'Académie, de 1853.

[2] Voir la *Notice sur M. Lavoine,* dans les Mémoires de l'Académie, de 1861-62, p. 302 et 303.

jusqu'au 9 mars 1862, M. André, commis-écrivain au même bureau. Pendant cette période de plus de trente-sept ans, les observations ont été faites sur le même plan et avec des instruments identiques ou placés dans les mêmes conditions [1].

A partir de mars 1862, M. Baur, maître de dessin à l'École et chef du bureau des dessinateurs, ayant bien voulu se charger des observations, il est devenu nécessaire de changer les positions des instruments et de modifier le plan des observations. Cette circonstance a permis d'introduire quelques améliorations dans ces deux parties. On va faire connaître ces diverses modifications, afin de faire juger du degré de confiance que méritent les observations actuelles, et de permettre de raccorder la nouvelle série avec l'ancienne.

INSTRUMENTS.

1° *Baromètre.*

Le baromètre est de Fortin. Le diamètre intérieur de son tube est de 11mm,7, le diamètre de la cuvette de 46mm,3 [2]. A la suite d'un accident arrivé à ce baromètre, on a refait entièrement toutes les parties d'où dépend l'exactitude des indications : 1° on a rendu le plan inférieur du viseur bien perpendiculaire à l'axe du tube ;

[1] M. Schuster a donné des résumés de ses observations : 1° de 1825 à 1834, dans les Mémoires de l'Académie de Metz, de 1834-35 ; 2° de 1835 à 1840, dans les Mémoires de 1840-41. Les observations elles-mêmes, depuis 1841 jusqu'à ce jour, ont été imprimées chaque année dans les Mémoires de l'Académie.

[2] Dans le volume I de la *Statistique de la Moselle,* publiée sous la direction de M. Chastellux (Metz, Rousseau-Pallez, 1854), M. E. Grellois a donné le résumé et la discussion des observations faites de 1825 à 1851. Il reste à faire le résumé de 1852 à 1861.

2° dans la cuvette on a ajouté deux pointes d'ivoire, qui sont situées sur un même diamètre et qui correspondent au sommet du ménisque annulaire. On a réglé ces pointes de telle sorte que la distance verticale, comprise entre elles et le dessous du viseur, fût, *à moins de $\frac{1}{100}$ de mill. près*, égale à 750 millimètres, quand le viseur indique cette hauteur (Voir la note I, page 13); 3° pour l'usage journalier, l'ancienne pointe de Fortin, qui correspond à un point déprimé du ménisque, a été réglée de telle sorte que, par son emploi, on compensât l'effet des dépressions capillaires, dont la valeur, dans l'instrument actuel, est seulement de $0^{mm},14$ et, par conséquent, n'est pas exposé à varier d'une manière très-notable. Par l'usage de cette pointe on obtient donc, sans autre correction que la réduction de température, les hauteurs absolues [1].

Le thermomètre du baromètre était mal divisé (à 17° il avait une erreur de 0°,8). On a refait sa division, après avoir pris plusieurs points avec des étalons.

Ces explications doivent faire comprendre que l'instrument est devenu un *baromètre étalon type*. Son exactitude a d'ailleurs été contrôlée par sa comparaison avec un baromètre-Fortin, de Tonnelot, que cet artiste venait de comparer lui-même avec son baromètre type [2].

Dans sa nouvelle position, la cuvette du baromètre est

[1] Avant ces modifications le baromètre donnait déjà assez bien les hauteurs absolues, autant du moins qu'on a pu en juger par sa comparaison avec des baromètres à siphon, comparés à celui de l'observatoire de Paris.

[2] Par la moyenne de quatorze comparaisons, on a trouvé la hauteur du baromètre-Fortin, prise avec les pointes médianes et corrigée de la dépression capillaire, plus forte de $0^{mm},03$ que la hauteur du baromètre-Tonnelot, corrigée de son équation déterminée par cet artiste. Mais cette dernière détermination ne résultait que de quatre comparaisons.

de $12^m,64$ plus élevée que dans son ancienne. Il faut donc diminuer, de $1^{mm},18$, les anciennes hauteurs barométriques, pour les rendre comparables aux nouvelles.

2° *Thermomètres.*

Les thermomètres à maxima et à minima sont à index d'acier et d'émail. Ils sont fixés sur une lame de glace sur laquelle les échelles sont tracées. Ils ont été exécutés par M. Belliéni, opticien à Metz. Des comparaisons faites avec des étalons, dans différents bains à températures stationnaires, ont prouvé que leur exactitude est suffisante (le maximum d'erreur est de $0^b,15$). On a fait disparaître l'erreur des zéros en déplaçant les thermomètres sur leurs échelles.

Ces thermomètres sont placés dans la cour du cloître, à 7 mètres au-dessus du sol, à 3 mètres au-dessous des corniches et à 11 mètres au-dessous des faîtes des toits. Ils sont à $0^m,25$ d'une fenêtre d'un couloir non chauffé, régnant, au premier étage, sur la face d'un bâtiment exposé au nord-ouest, et à 2 mètres de l'angle formé par cette façade et celle qui est exposée au nord-est. La ligne qui les joint à l'angle opposé de la cour est à peu près la méridienne. Dans cette position, qui a paru la moins désavantageuse de celles que l'École pouvait offrir, les instruments sont, en toute saison, préservés de l'action directe des rayons solaires, sans être trop abrités ni trop exposés aux radiations des objets voisins. Une glace de $0^m,25$ sur $0^m,60$, élevée de $0^m,25$ au-dessus d'eux, les abrite de la pluie.

C'est sur le thermomètre à maxima qu'on lit la température de l'air, à dix heures, midi et quatre heures. Autrefois les observations trihoraires et les températures maxima et minima se lisaient sur quatre thermomètres différents et différemment exposés, dont les situations présentaient moins de garantie d'exactitude que la station actuelle.

3° Girouette.

On observe toujours la même girouette. Elle est située sur l'espèce de belvédère appelé l'observatoire de l'École. Elle est très-mobile, et elle dépasse de 13 mètres les faîtes des toits de l'établissement.

4° Udomètre.

Le manége qui supporte l'ancien udomètre devant être démoli, on a cherché un emplacement convenable pour un nouvel instrument, et l'on a été conduit à en construire deux différents. Les observations comparatives, faites pendant deux ans avec ces deux udomètres et l'ancien, sont assez instructives, au point de vue de la mesure de la pluie tombée, pour que nous croyions devoir donner sur ce sujet des explications un peu complètes, et développer dans une note les conséquences que l'on peut en tirer (Voir la note III, p. 18).

L'ancien udomètre est un entonnoir, de $0^m,60$ de diamètre, placé au sommet d'un pignon qui dépasse de 5 mètres une terrasse plantée de tilleuls. Les têtes de ceux-ci dépassent actuellement l'udomètre de plus de 2 mètres, et elles sont elles-mêmes dominées, à 12 mètres de distance de l'instrument, par le pignon de la salle des manœuvres, dont le sommet surpasse l'udomètre de près de 14 mètres. L'exposition de ce pignon est comprise entre le nord-ouest et le nord-nord-ouest, et, par conséquent, il fait obstacle aux vents du nord, du nord-ouest et de l'ouest.

Cette position avait toujours paru désavantageuse, à

cause des remous de différents genres que les courants d'air y éprouvent. On crut se mettre à l'abri de ces influences fâcheuses, en établissant un nouvel entonnoir au sommet d'un toit pyramidal, qui dépasse de 6 mètres les faîtes des toits de l'École, et qui, placé à l'est-sud-est de l'ancien, n'en est distant horizontalement que de 82 mètres. Il est plus élevé que celui-ci de $19^m,27$; mais on espérait pouvoir déterminer, par expérience, le coefficient par lequel il faudrait multiplier la somme de ses indications pour les rendre comparables à celles de l'ancien. On profita même de sa position isolée pour le munir d'une girouette qui distribue les pluies, suivant la direction du vent pluvieux, dans quatre récipients-jauges où elles se totalisent (Voir la note II, p. 15).

On pensait que cet udomètre était assez dégagé pour être à peine influencé par les remous dont on craignait les effets pour l'udomètre inférieur; mais on put constater *de visu* qu'il n'en était pas toujours ainsi (Voir la note III, p. 19). Cela nous amena à examiner les causes d'erreur qui résultent, pour les mesures udométriques, des variations que les courants d'air éprouvent dans leur vitesse ou dans leur direction (Voir la note III, p. 20). Cet examen théorique nous expliqua, en partie, les anomalies observées; et nous pûmes en conclure, avec assez de probabilité, que l'emplacement le moins désavantageux pour l'udomètre était le centre de la cour du cloître.

L'udomètre que l'on y installa a $0^m,20$ de diamètre. Il est à l'est-sud-est de l'ancien, à 55 mètres de distance horizontale et près de 2 mètres plus bas que lui. Il est élevé de $3^m,5$ au-dessus du sol de la cour, afin de dominer les arbustes qu'elle renferme, et il est à 15 mètres au-dessous des faîtes des bâtiments, qui forment autour de lui un quadrilatère presque carré, de 45 mètres environ de côtés. Dans cette position, on avait surtout à craindre que les pluies enlevées aux toits par des tourbillons de vent, ne vinssent s'ajouter à celles qui tombaient directement dans l'udomètre. Mais l'expérience a prouvé que si cette cause d'erreur existe, elle est peu apparente; et des observations comparatives, faites pendant deux ans, avec les trois udomètres, montrent que le dernier est celui qui probablement est le moins influencé par les effets des variations de la force et de la direction du vent (Voir la note III, p. 28).

On observera donc dorénavant les deux udomètres de la cour et du toit. Les indications détaillées du second seront seules imprimées, mais celles du premier serviront à indiquer la direction du vent pluvieux. Et les totaux annuels, par régions, des pluies recueillies dans celui-ci, seront imprimés dans les résumés.

HEURES DES OBSERVATIONS.

Pour éviter à l'observateur une gêne, une trop grande sujétion, ce qui est souvent une cause d'inexactitude, on a substitué aux anciennes heures d'observation, neuf heures, midi et trois heures, celles de dix heures, midi et quatre heures, et l'on s'est contenté de l'observation de midi pour les jours de fêtes. Ces heures sont d'ailleurs, à certains égards, préférables aux anciennes : car dix heures et quatre heures sont les instants des maxima et minima diurnes de la pression barométrique ; et, pour les températures, le maximum que l'on enregistre a lieu habituellement vers deux heures du soir, instant qui divise en deux parties égales l'intervalle des observations de midi et de quatre heures. Ce qui fait que, pour la température, on a l'équivalent de quatre observations bihoraires.

TENUE DES REGISTRES.

Dans les registres manuscrits, à l'ancienne indication de l'état du ciel à midi, on a substitué, et cela pour chacune des heures d'observation, la configuration des nuages et la nébulosité; on a aussi ajouté l'indication de la force du vent. Ces registres donnent encore, outre le maximum et le minimum diurne, leur moyenne et leur demi-différence. Pour pouvoir inscrire, avec certitude, les maxima et les minima qui se sont produits pendant chaque jour, il faudrait observer les thermomètrographes à minuit, autrement on est exposé à se tromper sur la date à laquelle on attribue l'une de ces températures. Par exemple quand, en hiver surtout, le vent tourne du nord au sud ou du sud au nord, pendant la soirée ou la nuit, il peut y avoir deux maxima ou deux minima diurnes, dont le plus important ait lieu le soir ou après minuit. Souvent même la température s'élève ou s'abaisse progressivement jusqu'à cette heure. Si donc on observe les thermomètrographes à un autre instant, le soir ou le matin, on ne saura à quelle date attribuer ses indications extrêmes. Pour éviter ces incertitudes on a adopté d'observer les thermomètrographes à midi, et de porter invariablement le minimum au jour de l'observation et le maximum à la veille; mais on note, dans la colonne des remarques journalières, les anomalies constatées. On eût pu éviter celles-ci en faisant commencer le jour à midi, comme les astronomes; mais cela se fût trop écarté des usages des météorologistes.

On trouve dans les registres, ainsi que nous l'avons dit plus haut, l'indication journalière des pluies tombées, par chaque aire de vent, dans l'udomètre du toit, et celle de la pluie totale donnée par l'udomètre de la cour. Enfin, ces registres donnent, pour les éléments qui en sont susceptibles, les moyennes ou les sommes par décades et par mois; et on y a mis en évidence, à la fin de chaque page, tous les nombres maxima ou minima, etc., qui servent à la confection des résumés par mois.

Ces résumés mensuels forment trois tableaux plus complets que les anciens résumés, non-seulement à cause des éléments nouveaux (tels que la nébulosité) insérés dans les registres, mais parce que on y a mis en évidence les plus grandes variations entre les observations, soit d'un même jour, soit d'un midi à l'autre: ces variations offrent l'un des caractères à mettre en évidence dans chaque région climatérique.

REPRÉSENTATION GRAPHIQUE DES OBSERVATIONS.

On a trop rarement fait usage de ce moyen de peindre aux yeux les variations simultanées des divers phénomènes météorologiques. Aussi le plus souvent, n'a-t-on déduit des observations que les moyennes et les extrêmes, qui servent de base à la climatologie, et n'a-t-on découvert que très-péniblement un petit nombre des lois de la météorologie. On peut se rendre compte de la difficulté que présente la recherche de ces lois dans les chiffres inscrits sur les divers registres météorologiques, que l'on doit comparer. Avec les tableaux graphiques, les divers phénomènes ne sont pas seulement définis, comme sur les registres, mais ils sont peints de telle sorte que, d'un coup d'œil, on peut voir leurs variations plus ou moins brusques ou lentes, leur simultanéité, leur concomitance ou leur antagonisme, etc.[1] De là des aperçus dont

[1] Un coup d'œil montre immédiatement, pour les courbes barométriques et thermométriques, des ondes qui sont très-prononcées pendant l'hiver et l'automne, et beaucoup plus faibles pendant le printemps et l'été.

A l'inspection des courbes des températures extrêmes, de leurs

on peut demander la vérification ou l'infirmation aux tableaux correspondant à d'autres années ou à d'autres pays[1].

A ce point de vue le tableau graphique des observations constitue certainement le plus grand progrès des nouvelles observations météorologiques sur les anciennes [2]. Pour l'édification des personnes qui cherchent des relations entre les phénomènes météorologiques et le cours de la lune, on y a marqué l'apogée (A) et le périgée (P) de cet astre, ses phases, et les hauteurs des grandes marées des syzygies.

moyennes, et de leurs demi-différences, on constate facilement que, si la température moyenne augmente ou diminue, l'oscillation diurne de la température (ou demi-différence des extrêmes) suit une marche, qui est analogue pendant les mois de mars à septembre, et qui est inverse pendant novembre, décembre et janvier ; il y a indécision pendant les mois d'octobre et de février. Cette loi s'explique par l'effet inverse de la clarté du ciel pendant les longs jours des mois chauds et les longues nuits des mois froids.

[1] Habituellement une pluie d'orage est suivie d'une baisse *assez brusque* de température. Mais comment l'orage, qui a eu lieu du 9 au 10 avril, a-t-il pu causer la grande baisse de température qui s'est produite *progressivement* du 10 au 15 de ce mois, quoique le baromètre n'ait fait que des mouvements insignifiants, quoique le vent et la nébulosité du ciel soient restés à peu près ce qu'ils étaient quelques jours avant l'orage? C'est ce que l'examen d'observations faites dans d'autres localités pourrait sans doute apprendre.

Par des examens de ce genre on verrait si certaines perturbations atmosphériques peuvent être attribuées à des causes cosmiques.

[2] Ce tableau a été gravé par M. Baur lui-même. Son projet était arrêté quand M. Plantamour a publié, dans les *Archives de la Bibliothèque universelle de Genève,* t. 14 de la nouvelle série, un tableau analogue et presque identique, résumant les observations faites en 1861 dans cette ville. On a profité de cette circonstance pour rendre le tableau de Metz aussi concordant, avec celui de Genève, que la nature des observations pouvait le permettre.

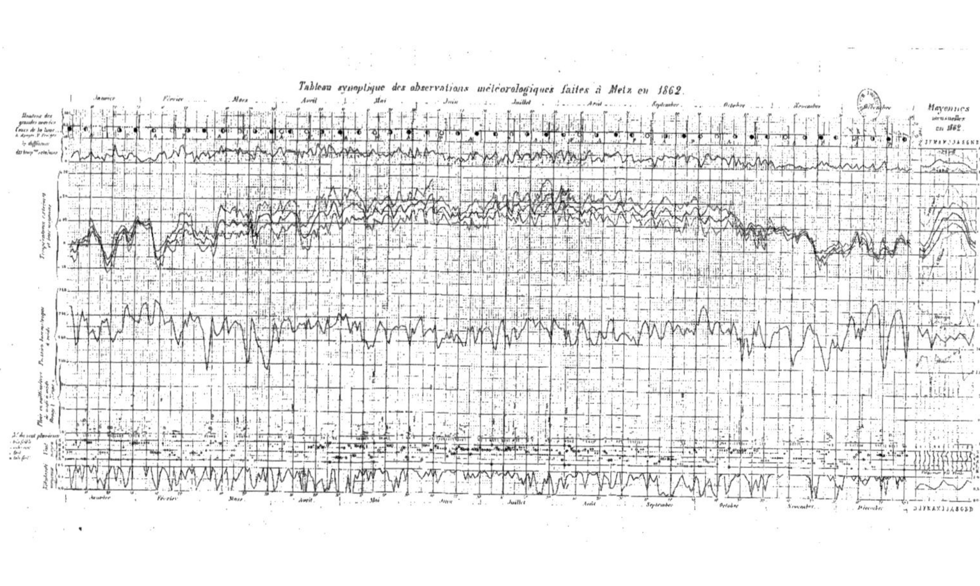
Tableau synoptique des observations météorologiques faites à Metz en 1862.
Janvier
Février
Mars
Avril
Mai
Juin
Juillet
Août
Septembre
Octobre
Novembre
Décembre
Moyennes mensuelles en 1862.

NOTES.

NOTE I.

PRODÉDÉ EMPLOYÉ POUR RÉGLER LES POINTES D'IVOIRE DE LA CUVETTE DU BAROMÈTRE DE FORTIN.

On a fait exécuter quatre verges de laiton fortement écroui, l'une de $0^m,75$ et les autres de $0^m,25$ environ. Leurs extrémités sont parfaitement dressées par le rodage. Sur un comparateur de Lenoir, on a comparé la première à la somme des trois autres, et successivement, chacune de celles-ci ajoutée à la première, à un mètre-étalon dont l'exactitude est connue. On a eu quatre équations pour déterminer les véritables longueurs des verges; et la discussion des nombreuses comparaisons d'où elles ont été déduites, prouve que chacune d'elles est connue à moins de $\frac{1}{200}$ de millimètre près.

A l'extrémité de la verge de $0^m,75$ on a fixé, par une vis dont le taraudage avait été antérieurement exécuté, un disque épais de laiton parfaitement plan et divisé sur sa circonférence en seize parties égales. Cette verge était maintenue librement, par des guides, dans l'axe du tube de cuivre du baromètre, et supportée en bas par un ressort qui l'équilibrait presque et qui posait sur la poche du baromètre. Celui-ci était enveloppé d'une chemise en sapin, destinée à le préserver de la chaleur rayonnée par le corps de l'observateur, et ne laissant apparentes que les parties indispensables pour les observations dont il va être question.

On opérait dans une salle voûtée, dont la température était presque constante pendant la durée des épreuves. Le disque étant mis en contact très-léger avec la pointe d'ivoire que l'on voulait régler, on affleurait le plan du viseur avec l'extrémité supérieure de la verge, comme s'il se fût agi d'une observation barométrique; et l'on faisait la lecture sur l'échelle du baromètre, dont le vernier donne le vingt-cinquième de millimètre, ce qui permettait, à l'aide d'une loupe, d'apprécier assez sûrement les centièmes. De plusieurs séries d'observations semblables, faites en établissant le contact sur seize rayons différents du disque, on a conclu la loi de variation des lectures, due à la légère obliquité du disque sur la verge; puis, en usant lentement la pointe d'ivoire avec du papier d'émeri fin, on a obtenu que la moyenne des observations d'une série reproduisît la longueur connue de la verge.

La pointe d'ivoire de droite étant réglée de cette façon, on a réglé celle de gauche, mais par des demi-séries des huit observations, pour lesquelles le disque touchait cette pointe sans toucher celle de droite; et l'on a reproduit, par la moyenne, la longueur de la verge corrigée de la différence, constatée antérieurement, entre la moyenne de ces huit observations et la moyenne des séries complètes.

La discussion des observations prouve que l'erreur du réglage de chaque pointe ne doit pas dépasser $\frac{1}{200}$ de millimètre.

On a évité, par ces moyens, les erreurs qui résultent, dans d'autres procédés de réglage, de ce que les divisions tracées sur les mètres-étalons présentent habituellement des irrégularités très-notables, et de ce que le plan de visée du curseur ne correspond jamais parfaitement au trait zéro du vernier. En réglant la pointe, à une température moyenne et par rapport au trait 750 mill., qui correspond presque à la moyenne barométrique, on laisse peu d'influence à la différence des dilatabilités de la pointe d'ivoire et du tube de laiton, et aux petites irrégularités qui pourraient affecter l'échelle tracée sur ce tube. Enfin, si, au lieu d'être plane, l'extrémité de la verge avait eu la forme convexe du sommet de la colonne de mercure, les visées faites, pour le réglage, auraient tenu compte implicitement (au moins pour notre vue) de l'erreur que l'on commet toujours en cherchant à mettre le plan inférieur du curseur en contact apparent avec le sommet du ménisque. Quelques essais semblent bien montrer que les erreurs, dues à la forme de l'extrémité de la verge, doivent être à peine sensibles [1]. Cependant, pour plus de garantie, on se propose de recommencer le réglage, après avoir donné, à l'extrémité supérieure de la verge, la courbure du sommet du ménisque.

NOTE II.

SUR L'UDOMÈTRE A GIROUETTE DU TOIT PYRAMIDAL.

Cet udomètre diffère assez des udomètres distributeurs qui nous sont connus, pour qu'il paraisse utile de le décrire.

L'entonnoir a $0^m,60$ de diamètre. Il est en tôle galvanisée et fixe. A son centre s'élève un tube qui est traversé par l'axe d'une girouette dont le pivot est au-dessous de l'entonnoir ; un chapeau conique, soudé sur l'axe, recouvre l'ouverture supérieure du tube. Sur la partie inférieure de l'axe est fixé un godet cylindrique qui reçoit l'eau tombée dans l'entonnoir et qui, par un tuyau excentrique dirigé en sens inverse du panneau de la girouette, la distribue dans un cylindre de $0^m,10$ de diamètre, qui est divisé en quatre compartiments par des cloisons orientées nord-sud et est-ouest. De sorte que les pluies nord-ouest, nord-est, sud-est et sud-ouest sont versées chacune dans un compartiment particulier [2].

De ces compartiments partent des tubes en laiton, de 8 à 9 millimètres de diamètre, qui amènent les pluies dans quatre cylindres en zinc, de $0^m,14$ de diamètre et de plus de 2 mètres de hauteur, où l'on totalise les pluies de chaque mois. Ces *récipients-jauges* sont situés dans le bureau des dessinateurs, à l'étage supérieur de l'édifice. A l'aide de coudes en laiton, chacun d'eux est muni d'un *tube de niveau d'eau*, contigu à une échelle

[1] On a pourtant pu constater que l'erreur de visée variait avec le plus ou moins d'éclat du fond éclairé que l'on voyait entre le dessus de la verge et le dessous du curseur.

[2] On a adopté ce mode de distribution parce que, à Metz, le maximum de pluie est donné par les vents de sud-ouest, et le minimum par les vents de nord-est.

sur laquelle on lit la hauteur de pluie tombée [1]. Des curseurs se meuvent sur les tubes; et c'est par l'élévation du niveau au-dessus d'un curseur que l'on constate que le récipient a reçu de la pluie depuis la dernière lecture.

Pour empêcher l'évaporation dans les cylindres, on a fait en sorte qu'ils continssent toujours une certaine quantité d'eau, dans laquelle plongent les tubes d'amenée de la pluie, tubes dont la paroi intérieure reste alors constamment humide, et l'on n'a laissé communiquer l'air des cylindres, avec l'air extérieur, que par le très-petit intervalle qui existe entre le tube de niveau d'eau et le coude supérieur dans lequel il entre librement [2].

Pour évacuer facilement les poussières qui tendent à s'accumuler dans le fond de chaque cylindre, et pour obtenir que, lors de la vidange à la fin de chaque mois, le liquide prenne de lui-même la hauteur qui correspond aux zéros des échelles, on a disposé les robinets de vidange à l'extrémité de tubes en siphons qui descendent près du fond conique de chaque récipient : de sorte que l'écoulement s'arrête aussitôt que le niveau du liquide arrive à la hauteur de l'orifice du robinet, qui correspond lui-même au zéro de l'échelle [3]. Un trou habituellement fermé par

[1] On a fait la division en prenant des points de 5 en 5 millimètres, au moyen de l'eau d'un vase dont le volume correspondait à 5 millimètres d'eau tombée sur l'entonnoir; chaque décimillimètre de pluie tombée est représenté par près de 2 millimètres.

[2] Pendant un mois d'été, où un cylindre n'a pas reçu de pluie, l'évaporation dans ce cylindre a été insensible.

Après de longues sécheresses, on a versé dans l'entonnoir la quantité d'eau correspondante à une hauteur de pluie de 5 millimètres. La différence entre ce chiffre et l'indication de l'échelle a été insensible. La quantité d'eau retenue par les parois du tube est donc inappréciable.

On a aussi versé la même quantité d'eau dans l'entonnoir, mais en mouillant toute sa paroi intérieure, et l'erreur résultant de l'eau retenue par cette paroi a été à peine appréciable (moins de $\frac{1}{50}$ de millimètre.

[3] Il vaudrait mieux un robinet purgeur, à la partie inférieure, et un second robinet latéral pour la vidange mensuelle.

un bouchon permet d'introduire, par la partie supérieure de chaque cylindre, l'eau nécessaire pour amorcer le siphon, lorsque la quantité de pluie tombée pendant le mois est insuffisante pour produire cet effet.

L'échelle de chaque cylindre marque jusqu'à 100 millimètres de pluie. L'eau qui excéderait cette hauteur peut se déverser dans une caisse parallélipipédique de $0^m,45$ de hauteur, et qui peut contenir le volume d'eau correspondant à 80 millimètres de pluie. Cette caisse, hermétiquement fermée, communique avec le cylindre, en haut par le déversoir, et en bas par un tube fermé par un robinet. Quand on aura évacué les 100 millimètres de pluie contenus dans le cylindre, on ouvrira ce robinet pour faire rentrer, dans le récipient-jauge, l'eau de la caisse de décharge. Pour parer aux cas les plus défavorables, deux caisses contiguës communiquent entre elles par un déversoir, de sorte que, si l'un des cylindres était plein au moment d'une pluie d'orage, celle-ci pourrait trouver place dans les caisses, pourvu que sa hauteur n'excédât pas 160 millimètres [1]. Tous les robinets se manœuvrent avec une clef que l'on ne peut retirer que quand ces robinets sont fermés.

Pour éviter l'effet de la gelée et produire la fusion de la neige, on a enveloppé les tubes d'amenée d'une gaîne octogonale en bois, de $0^m,08$ de diamètre intérieur et qui part d'un trou percé dans le plafond du bureau. Cette gaîne s'élargit en haut pour envelopper la boîte à compartiments et le godet distributeur, puis elle s'épanouit en cône, muni d'un rebord cylindrique en métal pour envelopper, sans les toucher, les parois coniques et cylindriques de l'entonnoir. Par cette disposition, l'air chaud du bureau s'élève dans la gaîne en léchant les tubes d'amenée et les parois de l'entonnoir. Aussi la neige fond-elle habituellement au fur et à mesure qu'elle tombe; et, dans les cas les plus défavo-

[1] Le maximum de pluie constaté à Metz a été, pendant un mois, de moins de 150 millimètres, et pendant vingt-quatre heures de moins de 50 millimètres. Ces quantités se seraient certainement réparties dans plusieurs des récipients-jauges.

rables, est-elle entièrement fondue à midi, quand on observe l'udomètre.

Nous venons de voir que la gaîne s'épanouit en haut, en cheminée annulaire comprise entre le cylindre de l'entonnoir et celui qui prolonge la gaîne. Pour empêcher que la pluie ne tombe dans cet espace, on a soudé au premier cylindre, et à quelques centimètres en dessous de son sommet, une couronne conique en forme de toit. Pour empêcher aussi que les vapeurs de l'air chaud du bureau, qui se condensent sous l'entonnoir et la boîte à compartiments, ne vinssent s'ajouter à l'eau que l'on doit mesurer, ces objets sont munis, à la partie inférieure, d'un canal annulaire qui reçoit les eaux condensées et les déverse, par un tuyau, en dehors de la cheminée.

Ajoutons, enfin, pour ne rien négliger, qu'une échelle placée dans le grenier conduit à un châssis à tabatière contigu à l'entonnoir ; ce qui permet de le visiter, ainsi que le godet distributeur, auquel donne accès une sorte de regard pratiqué dans la gaîne.

Depuis plus de trois ans que cet udomètre a été exécuté, il a toujours marché régulièrement [1].

NOTE III.

INFLUENCE DE LA POSITION D'UN UDOMÈTRE SUR LA QUANTITÉ DE PLUIE QU'IL INDIQUE.

On s'est beaucoup occupé de la différence que présentent les quantités de pluies recueillies dans deux udomètres placés à des hauteurs différentes au-dessus du sol ; et l'on n'a pas pu

[1] Dans les commencements l'un des tubes d'amenée a été obstrué, probablement par le corps d'une grosse araignée dont on a retrouvé les débris dans le récipient. Cet accident tenait sans doute à quelque étranglement causé, dans le tube, par l'une de ses soudures. On y a remédié facilement en ramonant ce tube avec un fil de fer introduit par la boîte à compartiments.

expliquer toutes les circonstances du phénomène, par l'augmentation de grosseur qu'éprouvent les gouttes de pluie, en condensant les vapeurs de la couche d'air qu'elles traversent et qui est plus chaude qu'elles (Arago, Œuvres, tome 12). Mais, à notre connaissance, on n'a guère étudié les erreurs qui peuvent affecter les indications d'un udomètre placé à une hauteur constante, suivant sa position par rapport aux objets qui l'entourent ; pourtant l'influence de ces objets est souvent très-considérable. Et, quoiqu'elles n'aient pas été entreprises pour la mettre en évidence, les observations faites, en 1861 et 1862, avec trois udomètres la montrent si bien, que nous croyons utile de les discuter avec assez de détail. Pour plus de clarté, nous ferons précéder cette discussion de la théorie du phénomène. Cette théorie, jointe à celle du grossissement des gouttes de pluie, nous semble donner l'explication des anomalies constatées dans l'observation de la pluie à diverses hauteurs.

Le point de départ de cette théorie est le fait suivant : Un jour un vent d'est-sud-est poussait, sur la ville de Metz, une neige qui couvrait d'une couche épaisse les toits, les rues et les cours ; pourtant l'udomètre du toit, décrit dans la note précédente, n'indiquait rien ; et même, on put constater que pas un seul flocon de neige ne tombait dans l'entonnoir. En recherchant la cause de cette anomalie, on reconnut que les flocons de neige, qui étaient soumis à la fois à l'action de la pesanteur et à celle du vent, suivaient en général des directions très-inclinées sur l'horizon ; mais que, à l'approche de l'udomètre, le courant d'air réfléchi par le pan de toit exposé au vent régnant, imprimant aux flocons une vitesse ascendante plus grande que la vitesse descendante due à l'action de la pesanteur, ces flocons décrivaient des courbes ascendantes. On en conclut que les changements de direction des courants d'air ont une influence, parfois extrême, sur la quantité de pluie enregistrée par les udomètres. Voici leur principaux modes d'action.

Si la pluie tombait uniformément d'un nuage, dans un air tranquille, elle se répartirait régulièrement sur le sol. Il en serait de même si, comme dans les couches d'air AB et CD de la figure, le vent imprimait une vitesse horizontale égale à toutes

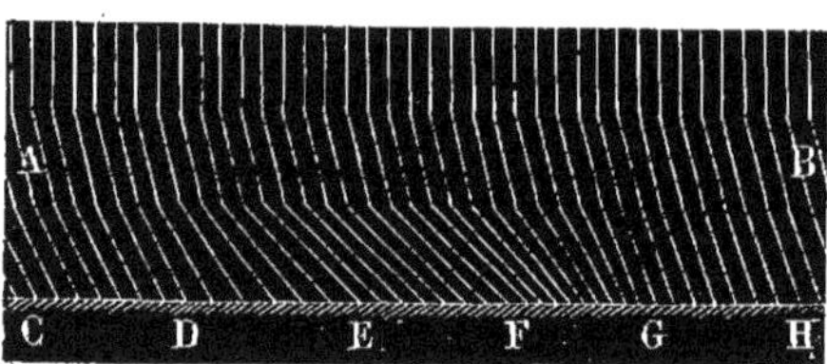

gouttes de pluie : car leurs trajectoires seraient alors des droites parallèles. Mais la vitesse de l'air augmente-t-elle graduellement, comme de D en E, les gouttes suivent des trajectoires de plus en plus inclinées, et elles rencontrent le sol avec un éeartement plus grand que tout à l'heure ; et cela jusqu'au moment où, comme de E à F, la vitesse redevient uniforme, et où, par suite, les trajectoires redeviennent des droites parallèles. La vitesse de l'air diminue-t-elle au contraire, comme de F à G, les trajectoires se rapprochent progressivement de la verticale, et la densité de la pluie augmente, jusqu'à ce qu'une nouvelle vitesse uniforme rétablisse la régularité de la chute, comme de G à H.

Ainsi toute cause qui accélère ou ralentit en un point la vitesse horizontale des couches inférieures de l'air, diminue ou augmente respectivement la quantité de pluie enregistrée en ce point.

De même, si une cause quelconque produit une vitesse ascendante, dans une couche d'air dont la vitesse horizontale est uniforme, les gouttes de pluie seront soumises à une action qui diminuera leur vitesse verticale, et les trajectoires s'inclineront de plus en plus comme de D en E. Partout où se produira un mouvement progressivement ascendant de l'air, la densité de la pluie diminuera donc. Réciproquement, un mouvement local descendant de l'air précipitera la chute des gouttes d'eau, et, en rapprochant leurs trajectoires, comme de F en G, il augmentera l'intensité apparente du phénomène.

Les tourbillons de vent peuvent encore, suivant leur position par rapport à un udomètre, y porter des gouttes de pluie qui n'y étaient pas destinées, ou enlever quelques-unes de celles qui, sans eux, y seraient déposées.

Voici maintenant comment les obstacles répandus sur le sol, et en particulier les habitations, font naître les variations des vitesses horizontales et verticales des courants d'air, et, par suite, les irrégularités dans la quantité de pluie tombée sur chaque point.

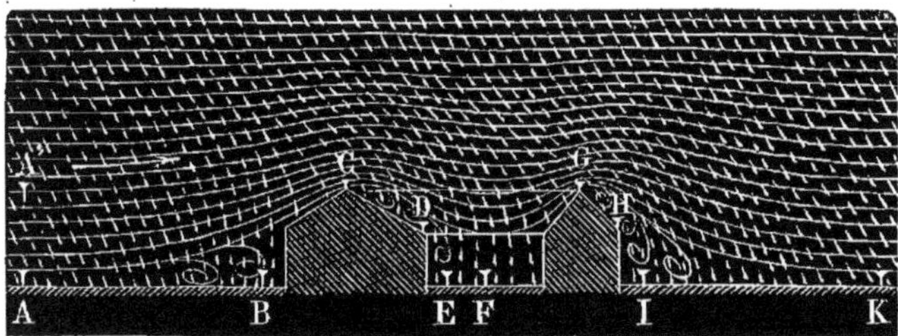

Un courant d'air vient dans le sens de la flèche et rencontre un bâtiment. En B la vitesse horizontale est ralentie, et même il peut se former des remous à axe horizontal qui, en certains points, précipitent la chute des gouttes de pluie. Pour ces deux motifs l'udomètre placé vers B recevra plus d'eau que celui qui serait placé en A. En C la veine fluide étant diminuée d'épaisseur, sa vitesse augmente ; et, à cause de la pente du toit, les filets d'air y ont une direction ascendante. Pour ces deux motifs l'udomètre placé sur le faîte, en C, recevra moins de pluie que celui qui est placé en A', à la même hauteur[1].

Suivons maintenant le courant d'air au-dessus d'une cour comme celle du cloître de l'École d'application.

Derrière le faîte C, la veine fluide s'épanouit ; la vitesse horizontale des filets inférieurs diminue, et ces filets décrivent des courbes descendantes parfois accompagnées de remous. Pour ces motifs des udomètres placés en D ou en E recevront trop de pluie. Mais, à l'approche du faîte G, la veine fluide va diminuer, sa vitesse horizontale augmentera, et même les filets prendront une direction ascendante. Ces conditions, qui en G comme en C don-

[1] La même cause de diminution pourra exister pour un udomètre placé sur une terrasse, surtout s'il est situé sur le mur d'appui qui soit exposé au vent pluvieux.

neront trop peu de pluie, sont opposées à celles qui se produisent en D et E. Il y aura donc, entre les deux points D et G, et par suite de *l'inflexion* qu'éprouvent les phénomènes analysés, une certaine étendue où *la direction des filets fluides sera horizontale, en même temps que leur vitesse pourra être considérée comme constante.* L'udomètre qui sera placé sous cette région, ne sera donc pas influencé par la variation de la vitesse, et de la direction du vent. Or, l'instrument placé au centre de la cour s'écartera peu de cette région la plus avantageuse région, dont la position doit d'ailleurs varier avec la direction du vent pluvieux. *L'udomètre placé en* F *devra donc donner, à peu près, la même quantité de pluie que l'udomètre* A.

En suivant les mêmes raisonnements nous trouverons que les udomètres placés en H et I donneront, comme ceux D et E, des indications trop fortes ; et que, pour avoir des indications exactes derrière le bâtiment, il faudra s'éloigner jusqu'au point où son influence sur la vitesse du vent cesse de se faire sentir ; et ce sera probablement au delà de deux et demie à trois fois la hauteur de ce bâtiment.

D'autres causes d'irrégularités, dans la distribution des pluies, naissent encore du changement de direction qu'éprouvent les projections horizontales des filets fluides, lorsqu'ils viennent heurter obliquement les bâtiments et les toits qui les surmontent. L'analyse de ces causes d'irrégularité conduirait à des conséquences analogues aux précédentes ; et, en particulier, on en conclurait que ces influences doivent avoir peu d'effet sur les indications de l'udomètre placé au centre de la cour.

Enfin on devra remarquer que, toutes choses égales d'ailleurs, la force du vent et la finesse des gouttes de pluie, devront augmenter l'importance des anomalies que nous venons d'analyser.

Nous allons voir maintenant l'importance de ces anomalies, en discutant les observations faites, pendant les années 1861 et 1862, avec les trois udomètres dont nous avons parlé à la page 7, et dont nous rappelons ici les positions relatives : 1° l'ancien udomètre placé à l'altitude 187m,18, et à 12 mètres de distance d'un mur de pignon qui le domine de 14 mètres en faisant obstacle aux vents de ouest, nord-ouest et nord; 2° l'udomètre placé au centre de la cour du cloître; les faîtes des toits le dominent de 15 mètres, en faisant presque un carré de 45 mètres de côtés : son altitude est de 185^m,54, il est donc plus bas que l'ancien de 1^m,64; 3° l'udomètre à girouette, placé au sommet du toit pyramidal qui s'élève de 6 mètres au-dessus des faîtes de l'École : son altitude est de 206^m,45, il domine donc l'ancien de 19^m,17 et celui de la cour de 20^m,91.

Le tableau de la page suivante donne, pour ces trois udomètres, et pour les années 1861 et 1862, les nombres et les sommes de pluies constatées chaque mois. A la suite se trouvent les rapports de ces quantités, rapports obtenus, en prenant pour unité les indications de l'udomètre de la cour.

Ce tableau montre que, pour les sommes de pluie de toute l'année, le rapport des quantités indiquées par l'udomètre ancien et par celui de la cour est 1,072 ou $\frac{15}{14}$. Ce qui dénote déjà l'influence de l'exposition; car, le premier udomètre étant plus élevé que le second, le rapport serait, sans cette influence, plus faible que l'unité.

En examinant les rapports par mois, dans la colonne $\frac{A}{C}$, on voit que l'excès constaté n'est dû qu'à quelques mois. Ainsi, pour les six mois, janvier, février, mars, avril, novembre et décembre, que nous appellerons mois froids, on voit, au bas du tableau, qu'il y a presque égalité, et même que pour les sommes de ces six mois, l'udomètre ancien est de un centième plus faible que celui de la cour. Tandis que, pour les cinq mois de mai, juin, juillet, août et septembre, l'excès du premier sur le second est considérable, et atteint $\frac{1}{4}$ pour le mois de juin. Par contre, le mois d'octobre présente une diminution très-grande ; mais on doit probablement attribuer cela à quelque faute commise dans les observations ou dans leur inscription. Quoi qu'il en soit, même en ajoutant ce mois aux cinq autres mois d'été, le rapport des pluies indiquées, par l'udomètre ancien et par celui de la cour, reste encore de 1,143 ou $\frac{8}{7}$. Il excède l'unité du double de l'excès.

Sommes, par mois, des pluies recueillies en 1861 et 1862.

MOIS.	Nombre des pluies.	PLUIES A L'UDOMÈTRE			RAPPORTS DES UDOMÈTRES	
		ancien A.	de la cour C.	du toit T.	$\frac{A}{C}$	$\frac{T}{C}$
		mm	mm	mm		
Janvier......	20	103,40	101,35	80,03	1,02	0,79
Février......	20	36,42	36,71	28,79	0,99	0,78
Mars........	42	120,23	121,27	90,00	0,99	0,74
Avril........	19	31,09	33,23	26,56	0,94	0,80
Mai.........	31	94,24	86,61	72,75	1,09	0,84
Juin.........	33	125,04	100,05	82,99	1,25	0,83
Juillet.......	41	186,75	161,06	136,52	1,16	0,85
Août........	20	91,33	76,04	66,00	1,20	0,87
Septembre...	22	125,70	104,26	92,99	1,21	0,89
Octobre.....	21	49,64	60,25	46,11	0,82[1]	0,77[1]
Novembre...	31	120,34	120,29	101,34	1,00	0,84
Décembre....	25	95,74	98,86	82,85	0,97	0,84
Deux années.	325	1179,92	1099,96	906,93	1,072	0,825
Nov., déc., janv., février, mars, avril.	157	507,22	511,69	409,57	0,991	0,800
Mai, juin, juillet, août, sept., oct.	168	672,70	588,27	497,36	1,143	0,845

[1] Il y a tout lieu de croire qu'on a commis quelque faute en enregistrant les pluies d'octobre. (En 1863, le rapport $\frac{T}{C}$ a été de 0,884.) Cependant comme cette faute ne peut être que défavorable aux conclusions que l'on doit tirer de ces chiffres, on conserve les indications de ce mois sans correction.

annuel. Il est difficile, après cet examen, de douter de l'influence de la saison sur la différence des indications des deux instruments.

Si l'on compare maintenant les udomètres du toit et de la cour, dont les rapports sont donnés dans la dernière colonne, on voit que ces rapports sont moins variables que les précédents, et que ceux qui se rapportent aux sommes des mois froids et des mois chauds, rapports qui sont respectivement 0,800 et 0,845, sont beaucoup plus voisins que dans le cas précédent. Et même, à l'inverse de ce qui a lieu pour les udomètres ancien et de la cour, ceux du toit et de la cour donnent des quantités de pluie, qui tendent vers l'égalité pendant les mois d'été, pour s'écarter davantage pendant les mois d'hiver [1]. De tout cela on peut conclure que, sans être aussi comparables qu'on puisse l'espérer, les udomètres de la cour et du toit s'accordent cependant mieux dans leurs indications que l'ancien et celui de la cour.

En recherchant, dans les observations journalières, la cause des anomalies qui affectent les rapports de ces deux derniers udomètres, on a constaté que l'excès de l'ancien sur celui de la cour tient presque entièrement à un certain nombre de pluies abondantes, principalement de pluies d'orage ou de pluies accompagnées d'un grand vent. Et pour examiner si cette influence du vent s'accordait avec la théorie que nous avons donnée ci-dessus, on a rangé toutes les pluies par mois et par aires de vent, en prenant, pour la direction du vent pluvieux, la moyenne des indications journalières de l'udomètre du toit. Puis on a fait les sommes des pluies des mois froids et des mois chauds, et l'on a obtenu le tableau de la page suivante.

[1] Cela tient probablement à deux causes : 1o les pluies d'hiver, étant en général plus fines que les pluies d'été, sont plus influencées par les variations de la vitesse de l'air qui se produisent dans le voisinage de l'udomètre supérieur, ce qui diminue la quantité de pluie qu'il doit recevoir; 2o pendant l'hiver, ces gouttes fines tombant plus lentement dans un air plus humide, elles condensent proportionnellement plus de vapeurs dans la couche d'air qui sépare les deux udomètres, ce qui augmente la quantité indiquée par celui d'en bas.

Sommes, par vents et par périodes, des pluies recueillies en 1861 et 1862.

PÉRIODES.	VENTS.	NOMBRE DES PLUIES.	PLUIES A L'UDOMÈTRE			RAPPORTS DES UDOMÈTRES	
			ancien A.	de la cour C.	du toit T.	A/C.	T/C.
			mm	mm	mm		
Janvier, février, mars, avril, novembre et décembre.	O	34	139,38	130,78	103,25	1,07	0,79
	NO	36	61,58	62,22	49,56	0,99	0,80
	N	»	»	»	»	»	»
	NE	6	3,07	3,98	2,54	0,77	0,64
	E	1	2,85	2,85	2,40	1,00	0,84
	SE	22	109,74	109,72	95,30	1,00	0,87
	S	15	53,67	56,03	44,22	0,96	0,79
	SO	43	136,93	146,11	112,30	0,94	0,77
	Totaux....	157	507,22	511,69	409,57	0,99	0,80
Mai, juin, juillet, août, septembre et octobre.	O	29	192,08	149,48	130,33	1,28	0,87
	NO	35	128,31	97,42	81,28	1,32	0,84
	N	3	24,45	17,95	16,32	1,36	0,91
	NE	10	35,42	33,02	28,73	1,07	0,87
	E	1	4,45	4,10	3,50	1,09	0,79
	SE	11	44,65	39,77	35,84	1,12	0,90
	S	18	57,83	64,52	54,95	0,90	0,85
	SO	61	185,53	182,01	146,43	1,02	0,80
	Totaux....	168	672,70	588,27	497,36	1,14	0,85
Mois froids.	O, NO, N	70	200,96	193,00	152,81	1,04	0,79
	NE, E, SE, S, SO	88	306,26	318,69	256,76	0,96	0,81
Mois chauds	O, NO, N	67	344,84	264,85	227,93	1,30	0,86
	NE, E, SE, S, SO	99	327,86	323,42	269,43	1,01	0,83
Année.	N, NO, N	137	545,80	457,85	380,74	1,19	0,83
	NE, E, SE, S, SO	187	634,12	642,11	526,19	0,99	0,82

En y examinant les nombres de la colonne $\frac{A}{C}$, on voit que, pendant les mois froids, les différences des indications de l'udomètre ancien et de celui de la cour ne sont pas très-considérables [1]. Cependant par les vents d'ouest, on constate un excès notable (0,07) du premier sur le second. Pour les mois chauds, l'excès par les vents d'ouest, de nord-ouest et de nord est extrêmement considérable (0,28 à 0,36), tandis que, pour tous les autres vents, les différences sont comparativement peu sensibles.

Mais les sommes placées au bas du tableau mettent mieux en évidence l'influence de ces trois vents pluvieux, débarrassée des irrégularités accidentelles. On y voit que, par les vents d'ouest, de nord-ouest et de nord, l'excès de la pluie de l'ancien udomètre sur celui de la cour est de 0,04 pendant les mois froids, et de 0,30 pendant les mois chauds, tandis que, pour la somme des autres vents, il y a diminution de 0,04 pendant les premiers mois, et augmentation de 0,01 pendant les seconds. Cela constitue en somme, si l'on compare les trois premiers vents aux autres, une différence en faveur de ceux-là, qui n'étant que de 0,08 pendant les mois froids, atteint 0,29 pendant les mois chauds [2].

Or, si l'on veut se rappeler que l'udomètre ancien est dominé par un grand mur, qui fait obstacle précisément aux vents d'ouest, de nord-ouest et de nord, on sera déjà tenté d'attribuer l'excès de pluie qu'il indique au ralentissement de la vitesse de ces vents, et aux remous que ces conditions engendrent (page 21). Et cette conclusion prendra presque le caractère d'une vérité démontrée,

[1] On peut, dans cette comparaison, ne pas avoir égard aux pluies d'est et de nord-est, parce que les nombres qui y correspondent ne se rapportent respectivement qu'à une et à sept observations; ces dernières formant un total très-faible.

[2] Cette différence entre les mois chauds et les mois froids, provient probablement de ce que ce sont principalement les pluies abondantes accompagnées de grand vent qui causent l'anomalie signalée, et que ces pluies sont plus fréquentes pendant les premiers mois que pendant les seconds.

si l'on examine les nombres de la dernière colonne, qui donne les rapports des udomètres du toit et du cloître. Car on y verra que ces rapports varient peu en comparaison de ceux de la colonne précédente ; et que les vents d'ouest, de nord-ouest et de nord, qui tout à l'heure avaient une influence si considérable, n'ont ici aucune influence apparente, puisque, pendant les mois froids, le rapport pour ces vents est un peu plus faible que pour les autres (0,79 au lieu de 0,81), tandis que, pendant les mois chauds, le premier rapport est un peu plus fort que le second (0,86 au lieu de 0,83).

On trouverait, il est vrai que, pour les sommes de pluie recueillies par les vents de nord, nord-est, est et sud-est, ces udomètres s'approchent plus de l'égalité que par les autres vents. Mais cela s'explique, sans l'intervention de l'influence des courants d'air, par cette circonstance que les vents cités sont généralement plus secs que les autres, et que par suite, avec eux, les gouttes de pluie grossissent moins en descendant dans la couche d'air qui sépare les deux udomètres.

Ainsi, les observations justifient cette conclusion, que l'on peut tirer, à priori, de l'examen des positions des udomètres du toit et de la cour, savoir : que si les courants d'air modifient leurs indications, cette action se produit à peu près également par toutes les directions de vent.

Cette action diminue certainement (page 19) la quantité de pluie que l'on devrait recueillir à l'udomètre supérieur. Mais la diminution est sûrement moindre que si cet udomètre était placé sur le faîte d'un toit, dont les longs pans modifieraient plus la vitesse et la direction des filets fluides que les petites faces triangulaires de la pyramide qui supporte l'udomètre.

Nous ne pouvons pas décider, d'une manière aussi positive, si cette action augmente ou diminue la quantité de pluie que l'udomètre de la cour recevrait, si le sol était rasé à grande distance autour de lui. Toutefois, la presque identité des résultats obtenus avec cet udomètre et l'ancien, par les vents qui ne frappent pas le pignon qui domine celui-ci, prouve que les indications de l'udomètre de la cour ne sont pas affectées d'anomalies notables.

Cette conclusion étant conforme à celle de la théorie (page 22), on considérera dorénavant comme bonnes les indications de ce dernier udomètre ; et, quand on voudra y comparer les observations faites de 1825 à 1861, on devra diminuer celles-ci de $\frac{1}{15}$; ou, si l'on considère les pluies par vents, avoir égard au tableau de la page 26.[1]

Si, de cette longue discussion, nous ne pouvons rien conclure de positif pour nos instruments, nous pouvons au moins en tirer les conséquences générales suivantes, qui sont importantes :

1° Les indications d'un udomètre ne varient pas seulement avec son altitude, mais encore avec sa situation relativement aux objets (maisons, arbres, etc.) qui l'avoisinent ;

2° Cette seconde influence s'explique par les modifications qu'éprouvent, dans leur vitesse et leur direction, les filets fluides des couches inférieures de l'air. Elle diminue la quantité de pluie des udomètres placés sur les faîtes des toits, surtout quand ces faîtes sont perpendiculaires à la direction du vent pluvieux. Elle augmente, en général, les indications de ceux qui sont voisins d'un bâtiment qui les domine, surtout quand le vent pluvieux frappe ce bâtiment ;

[1] On observe, à l'École normale primaire de Metz, un udomètre qui est placé à 8 hectomètres est-nord-est de celui de la cour de l'École d'application, et 8 à 10 mètres plus bas que celui-ci. Par sa position, il paraît ne devoir éprouver, de la part des objets qui l'entourent, qu'une influence additive, mais probablement assez faible. Pour la somme des années 1861 et 1862 il a donné $1197^{mm},47$, dont le rapport à celui de la cour de l'École est 1,09. Or, on trouverait le même nombre en admettant que, pour ces deux udomètres, l'augmentation progressive est de 0,01, par mètre de différence de niveau, comme cela est constaté pour ceux de la cour et du toit. Toutefois, les rapports des pluies enregistrées mensuellement, à l'École normale et à l'École d'application, éprouvent des variations assez grandes (de 0,78 à 1,27), explicables d'ailleurs par la distance qui sépare les deux établissements. Et cette circonstance doit engager à mettre une grande réserve, dans les conclusions que l'on pourrait tirer de la coïncidence que nous venons de signaler, et qui pourrait bien être fortuite.

3° La mauvaise position d'un udomètre peut, comme cela est arrivé pour l'ancien udomètre de l'École d'application, augmenter de $\frac{5}{10}$, en moyenne, ses indications par certains vents et pendant les mois chauds. Mais, pour des observations particulières, les erreurs peuvent être bien plus considérables et varier entre 1,5 et 0,6 de la quantité à mesurer [1];

4° A côté de ces grandes irrégularités, celles qui tiennent à la forme, à la dimension d'un udomètre et à la précision avec laquelle on y mesure la pluie qu'il reçoit, sont en général insignifiantes;

5° Il est donc très-difficile d'obtenir, dans une ville, des observations udométriques précises, et, pour un même lieu, on ne peut comparer entre elles, avec sécurité, que celles qui ont été faites avec le même instrument, placé dans des conditions identiques;

6° En attendant que quelque observateur entreprenne des séries d'expériences, pour analyser méthodiquement toutes les circonstances qui peuvent fausser les indications d'un udomètre, on pourra se guider, pour choisir l'emplacement d'un instrument de ce genre, sur la théorie que nous avons donnée page 21.

[1] Voici des exemples d'observations journalières qui présentent de grandes différences en plus ou en moins :

DATES.	VENTS.	UDOMÈTRE ancien.	UDOMÈTRE de la cour.	RAPPORTS.
		mm	mm	
15 juillet 1861.	SSE............	1,65	2,50	1,52
9 mai 1862...	SSE............	2,90	4,15	1,43
17 août 1861..	NO et orage.....	13,55	7,95	0,59
9 juin 1862...	O et bourrasques.	29,40	17,50	0,59

On a constaté des différences beaucoup plus considérables, pour des pluies de quelques dixièmes de millimètres seulement. Mais ces anomalies sont explicables par cette circonstance que l'ancien entonnoir est en fer-blanc, tout rouillé à l'intérieur. Cet état a dû exagérer un peu les rapports pour les deux premières pluies que nous venons de signaler, mais il n'aurait pu que diminuer ceux des deux dernières.

OBSERVATIONS MÉTÉOROLOGIQUES

FAITES A METZ, EN 1862,

PAR M. BAUR,

Maître de dessin et chef du bureau des dessinateurs à l'École impériale d'application de l'Artillerie et du Génie.

PREMIÈRE ANNÉE DE LA NOUVELLE SÉRIE.

Nature et position des instruments.

BAROMÈTRE.

Position géographique de sa cuvette.		
	Latitude	49° 07′ 07″
	Longitude, à l'est de Paris	3° 50′ 11″
	Altitude, d'après le nivellement Bourdaloue	195m,73

Ce baromètre est de Fortin; le diamètre intérieur de son tube est de 11mm,7. Après correction pour la température, il donne les hauteurs absolues. Il est placé dans un bureau chauffé, au troisième étage. Son altitude est de 12m,64 plus forte que pour les observations antérieures à 1862. Il faut donc diminuer celles-ci de 1mm,18 pour les rendre comparables à celles de la nouvelle série. [1]

THERMOMÈTRES.

Les thermomètrographes sont fixés sur une lame de glace, à 7 mètres au-dessus du sol. Dans aucune saison les rayons du soleil n'atteignent, ni eux, ni le mur au-dessous d'eux. Une lame de verre les abrite de la pluie. Le thermomètre à maxima sert encore pour les observations journalières.

UDOMÈTRES.

On observe deux udomètres : l'un, de 0m,20 de diamètre, est placé au centre de la cour du cloître, à 3 mètres au-dessus du sol et à l'altitude 185m,54; l'autre, de 0m,60 de diamètre, est placé au sommet d'un toit pyramidal, à l'altitude 206m,45. Il distribue

[1] On a fait subir cette correction aux observations des trois premiers mois de 1862, qui avaient été faites à l'ancienne station.

les pluies dans quatre jauges correspondant aux vents pluvieux nord-ouest, nord-est, sud-est et sud-ouest. Les observations du premier sont seules imprimées en détail, mais la direction du vent pluvieux est déduite des indications du second [1], et le résumé donne la quantité totale de pluie recueillie, dans celui-ci, par les quatre aires de vent.

Il faut diminuer de $\frac{1}{15}$ les observations antérieures à 1862 pour les rendre comparables à celles de l'udomètre de la cour.

TENUE DES REGISTRES.

Les registres manuscrits donnent, pour les observations de dix heures et de quatre heures, tous les détails qui sont imprimés pour celle de midi. Les thermomètrographes sont observés chaque jour à midi. On attribue invariablement le minimum au jour de l'observation et le maximum à la veille. Quand on peut constater que les véritables extrêmes d'un jour civil diffèrent de ceux qui lui sont attribués par cette règle, on signale l'anomalie dans la colonne des phénomènes journaliers. C'est aussi à midi qu'on observe les udomètres. La quantité de pluie mesurée est inscrite au jour de l'observation.

RÉSUMÉ.

Pour obtenir les *pluies par régions*, du résumé intitulé : vents et hydrométéores, on a porté par parties égales, sur chacune des régions adjacentes, les pluies recueillies par les vents nord, sud, est, ouest. On ne doit donc tirer aucune conclusion de la comparaison des sommes annuelles des quatre colonnes, avec les nombres intitulés *pluies sur le toit,* nombres qui donnent réellement, *pour chacune des régions, les quantités d'eau recueillies à l'udomètre du toit.*

TABLEAU SYNOPTIQUE DES OBSERVATIONS.

Dans ce tableau, les centres des cercles qui représentent les phases de la lune occupent des places correspondant aux heures de ces phases. Les désignations A et P pour l'apogée et le périgée, sont placées aux dates de ces phénomènes. Enfin, les hauteurs des grandes marées sont données, d'après la connaissance du temps, et placées un jour et demi après chaque syzygie.

[1] On marque, pour le vent pluvieux, la direction sud quand le rapport des pluies tombées dans les régions sud-est et sud-ouest est plus grand que 0,4; et de même pour les directions ouest, est, nord.

Notations adoptées dans le registre.

CONFIGURATION DES NUAGES.

Les chiffres 1 et 3, placés après les notations, indiquent que les nuages sont petits ou très-grands.

Cr....	Cirrus.........	Nuages en filaments déliés.
Cm...	Cumulus.......	Nuages en forme de balle de coton.
St....	Stratus.........	Couche étendue, continue, horizontale.
Cr Cm.	Cirro-Cumulus..	Ciel pommelé, petites balles serrées.
Cr St.	Cirro-Stratus...	Pommelures en couches horizontales.
Cm St.	Cumulo-Stratus..	Réunion d'un grand nombre de cumulus passant à la teinte grisâtre et uniforme des *nimbus* ou nuages à pluie.

NOTA. La première indication est celle des nuages qui dominent.

NÉBULOSITÉ.

Les chiffres placés dans cette colonne expriment le nombre de dixièmes du ciel qui sont couverts par les nuages ou la brume.

VENTS.

Leur direction est suivie d'un chiffre qui exprime la force 1, vent faible; 2, vent ordinaire; 3, vent fort; 4, bourrasques.

PHÉNOMÈNES.

Pour plusieurs d'entre eux les chiffres 1 et 3 indiquent leur intensité.

S	Serein, ciel sans nuages.	R	Rosée.
V	Ciel voilé.	G.bl	Gelée blanche.
V1, V3	— légèrement ou fortement.	Gv	Givre.
C	Ciel couvert.	Grs	Grésil.
C1, C3	— transparent ou sombre.	Grl	Grêle.
Bl	Brouillard.	Or	Orage voisin.
Bl1, Bl3	— léger ou dense.	Tn	Tonnerre éloigné.
P	Pluie.	Ec	Éclairs éloignés.
P1, P3	— fine ou très-forte.	Tp	Tempête.
N	Neige.	Hs	Halo solaire.
N1, N3	— légère ou abondante.	Hl	Halo lunaire.

? Désigne une observation douteuse ou qu'on n'a pas pu faire.
! Désigne une observation sûre, quoiqu'elle paraisse anomale.

DATES.	9 H. DU MAT. Bar. à 0°.	Temp. extér.	MIDI. Bar. à 0°.	Temp. extér.	État du ciel.	Vent.	3 H. DU SOIR Bar. à 0°.	Temp. extér.
1	754,38	- 4,5	753,65	- 3,8	Couvert.	NNE 1	753,50	- 1,4
2	754,05	- 1,3	753,89	1,0	Couvert.	NNE 1	753,27	1,0
3	748,81	- 3,8	746,99	- 1,6	Clair.	NE 1	745,27	- 1,6
4	737,44	- 2,0	737,05	1,0	Éclaircies.	ONO 1	737,42	1,9
5	738,76	0,7	738,11	1,2	Couvert.	SO 1	737,41	1,5
6	744,60	0,4	746,28	2,0	Couvert.	NO 1	747,76	2,5
7	751,94	1,0	751,83	1,8	Couvert.	OSO 1	751,53	1,7
8	748,91	0,8	747,26	3,3	Lég[t] voilé par part.	SSO 1	746,61	1,5
9	749,13	1,9	748,32	3,2	Couvert.	S 2	747,74	3,0
10	742,16	8,8	741,86	10,5	Couvert.	OSO 3	742,68	10,0
11	744,50	9,0	742,62	10,0	Couvert.	SO 2	740,32	9,8
12	745,55	4,9	743,94	6,4	Nuageux.	OSO 1	744,09	6,7
13	740,71	2,7	740,45	4,9	Couvert.	ESE 1	740,29	4,2
14	738,44	2,5	738,35	3,4	Couvert.	SE 1	737,79	3,1
15	741,59	0,0	741,80	2,2	Quelq. pet. nuages.	NNE 1	741,98	1,6
16	747,21	- 3,2	747,52	- 2,7	Éclaircies.	NE 1	747,43	- 2,9
17	747,32	- 8,9	746,76	- 5,0	Nuages.	NE 1	746,44	- 4,3
18	748,86	-10,9	748,62	- 7,3	Clair.	NNE 1	747,18	- 7,3
19	746,10	- 8,4	744,69	- 6,5	Nuages.	NNE 1	744,26	- 8,2
20	741,22	- 6,0	740,17	- 4,0	Couvert.	E 1	739,28	- 4,5
21	738,13	- 5,5	738,07	- 0,5	Couvert.	S 1	738,18	4,0
22	740,54	0,0	741,11	3,2	Pluie.	SSO 1	740,82	2,7
23	746,24	3,2	743,68	6,3	Nuages.	S 1	743,57	6,4
24	742,79	6,4	742,67	8,0	Couvert.	S 1	743,05	6,7
25	742,64	6,8	743,96	7,0	Couvert.	SO 1	744,86	7,9
26	752,77	4,6	752,84	5,8	Nuages.	NO 1	753,41	5,7
27	755,88	- 1,0	754,52	1,5	Voilé.	NNE 1	754,40	4,0
28	750,32	0,0	749,32	3,1	Voilé.	S 1	748,76	5,7
29	749,86	5,0	749,31	7,2	Couvert.	SO 1	748,48	7,7
30	743,04	10,0	742,82	10,8	Pluie.	OSO 5	742,00	10,4
31	741,93	10,4	742,70	11,5	Couvert. Nuageux.	OSO 3	743,50	11,0
					Moyennes.			
1 à 10	747,02	0,0	746,52	1,9			746,32	2,0
11 à 20	743,95	- 1,8	743,49	0,1			742,91	- 0,2
21 à 31	745,83	3,6	745,55	5,8			745,56	6,7
1 à 31	745,61	0,70	745,20	2,71			744,95	2,95

DATES.	TEMPÉR. EXTRÊMES. minimum.	maximum.	moyen	PLUIE en 24 h. en millim	Vent pluvieux	PHÉNOMÈNES JOURNALIERS.
1	- 5,1	- 1,3	- 3,2	»		
2	- 5,2	1,6	- 1,8	»		Bl. Qq. flocons de neige pendant la nuit.
3	- 7,5	0,4	- 3,6	»		Forte gelée blanche.
4	- 6,5	2,1	- 2,2	»		Neige par intervalle la nuit et le matin.
5	0,0	1,5	0,8	»		Bl. N. par interv. et pluie fine le matin.
6	- 0,9	2,5	0,8	1,45	NO	Grésil la nuit. Neige matin et soir.
7	- 0,3	2,1	0,9	»		
8	0,0	3,5	1,8	»		Bl. Grésil et neige pend. le soir et la nuit.
9	- 1,0	3,2	1,1	3,30	S	Bl. Pluie à partir de midi et pend. la nuit.
10	2,8	11,0	6,9	19,35	SO	Pluie. Grêle et vent très-fort pend. le jour.
11	5,6	10,2	7,9	3,12	O	Pluie fine. Grésil. Vent très-fort par interv.
12	4,0	7,0	5,5	1,71	O	
13	1,2	5,1	3,2	»		Bl. Qq. gouttes vers 9 h. mat. P. de 4 à 7 h. soir.
14	1,3	3,9	2,6	1,90	S	Brouillard.
15	- 0,8	2,5	0,9	»		Bl. G.bl. N. de 6 h. à 11 h. 30 m. du soir.
16	- 3,3	- 2,3	- 2,9	0,67	NO	Neige.
17	-10,0	- 3,4	- 6,7	»		
18	-12,0	- 6,4	- 9,2	»		
19	-10,0	- 5,5	- 7,8	»		
20	- 8,6	- 2,9	- 5,8	0,06	SE	Quelques flocons dans la matinée.
21	- 9,5	4,7	- 2,4	0,63	NE	Brouillard. Neige à 2 h. et à 6 h. du matin.
22	- 1,8	3,9	1,1	0,10	NE	Bl. G.bl. P. de 11 h. du m. à 10 h. 1/2 du soir.
23	1,9	6,5	4,2	2,09	SE	Brouillard. Pluie la nuit.
24	2,1	8,1	5,1	1,65	S	Brouillard. Pluie le soir et la nuit.
25	5,5	8,0	6,7	16,10	SE	Bl. Pluie par intervalles le jour et la nuit.
26	3,8	6,9	5,4	1,20	NO	Pluie par intervalles le matin.
27	- 2,9	4,9	1,0	»		Brouillard. Gelée blanche.
28	- 1,8	6,0	2,1	»		Gelée blanche.
29	2,6	8,0	5,3	1,43	SO	Pluie par intervalles.
30	6,4	11,1	8,8	11,80	SO	Pluie et grand vent.
31	9,5	12,0	10,8	16,00	O	Pluie par intervalles et grand vent.
	Moyennes.			Somm		
1 à 10	- 2,4	2,7	0,2	24,30		
11 à 20	- 3,3	0,8	- 1,2	7,18		
21 à 31	1,4	7,3	4,4	51,30		
1 à 31	- 1,31	3,70	1,20	82,78		

DATES.	9 H. DU MAT. Bar. à 0°.	9 H. DU MAT. Temp. extér.	MIDI. Bar. à 0°.	MIDI. Temp. extér.	MIDI. État du ciel.	MIDI. Vent.	3 H. DU SOIR Bar. à 0°.	3 H. DU SOIR Temp. extér.
1	746,20	9,4	746,80	9,2	Pluie.	OSO 2	747,49	9,5
2	752,42	9,2	752,87	9,1	Couvert.	OSO 1	753,70	8,9
3	755,89	7,1	754,83	7,4	Couvert.	SO 1	754,43	8,6
4	755,48	8,0	755,28	10,0	Couvert. Nuageux.	SO 1	754,53	8,9
5	750,99	9,0	750,86	10,0	Couvert. Nuageux.	SO 1	749,06	10,5
6	746,54	7,0	745,76	8,0	Couvert.	OSO 1	744,98	8,1
7	746,31	0,9	746,72	0,5	Couvert.	NE 2	746,78	0,2
8	754,96	- 6,0	756,31	- 3,7	Nuages.	NE 2	756,09	- 4,0
9	756,29	- 7,8	755,45	- 4,7	Qq. pet. nuag. rares	NE 2	755,05	- 3,1
10	755,02	- 5,0	754,36	- 2,6	Qq. pet. nuag. rares	ENE 2	753,76	- 1,7
11	752,91	- 4,5	751,70	- 1,0	Couvert. Nuageux.	NE 1	750,76	- 0,6
12	746,27	0,0	746,24	1,0	Couvert.	SO 1	745,66	1,2
13	747,20	1,0	747,16	3,5	Couvert.	NNO 1	746,73	3,0
14	747,50	0,0	747,06	1,9	Nuageux.	NNE 1	747,48	1,5
15	749,78	2,0	749,74	3,4	Nuages.	ENE 1	749,29	4,3
16	746,80	- 1,6	745,93	5,8	Clair.	NE 1	745,20	5,0
17	740,90	3,5	740,17	6,2	Couvert.	E 1	738,94	5,9
18	737,60	3,0	737,36	9,9	Clair.	S 1	736,95	12,5
19	742,72	3,4	742,80	8,5	Voilé par parties.	SSE 1	741,84	13,6
20	743,62	9,3	743,52	12,9	Couvert.	S 1	744,50	10,0
21	748,36	7,8	748,28	10,0	Nuageux.	NNE 1	746,90	12,5
22	745,03	6,0	745,21	8,7	Voilé par parties.	SE 1	745,30	12,0
23	751,14	6,8	751,83	12,3	Couvert.	ONO 1	752,03	10,8
24	748,49	5,7	748,04	5,0	Couvert.	NE 1	746,69	5,0
25	747,22	4,3	747,03	5,8	Nuageux.	ENE 3	747,36	4,9
26	749,01	1,9	749,18	2,8	Couvert.	ENE 1	749,32	3,3
27	749,00	1,8	749,32	4,5	Clair.	ENE 1	748,49	5,5
28	747,58	- 1,0	745,22	4,0	Voilé.	E 1	744,26	4,9
					Moyennes.			
1 à 10	751,81	5,2	751,88	4,3			751,59	4,6
11 à 20	745,51	1,6	745,17	5,2			744,74	5,6
21 à 28	748,30	4,2	748,02	6,6			747,54	7,4
1 à 28	748,56	2,90	748,38	5,66			747,98	5,75

DATES.	TEMPÉR. EXTRÊMES. minimum.	TEMPÉR. EXTRÊMES. maximum.	TEMPÉR. EXTRÊMES. moyen	PLUIE en 24 h. en millim	PLUIE en 24 h. Vent pluvieux	PHÉNOMÈNES JOURNALIERS.
1	8,6	9,5	9,1	0,53	O	Pluie par intervalles.
2	8,7	9,4	9,1	2,45	O	Quelques gouttes le matin.
3	7,3	9,2	8,3	»		Pluie fine par intervalles.
4	6,4	10,0	8,2	0,52	SO	Idem idem.
5	7,5	11,0	9,2	0,50	SO	Pluie très-fine pendant la nuit.
6	6,5	8,2	7,4	»		P. fine par interv. le jour. P. et Grl. la nuit.
7	0,0	1,2	0,6	2,10	NO	Bl. G.bl. N. de 6 h. 30 à 7 h. du matin.
8	- 6,8	- 2,8	- 4,8	»		Un peu de neige vers 8 h. du matin.
9	-10,4	- 2,7	- 6,6	»		
10	- 7,8	- 1,5	- 4,7	»		Gelée blanche.
11	- 8,9	0,0	- 4,5	»		Bl. G.bl. Un peu de neige dans la nuit.
12	- 1,9	1,4	- 0,3	»		Bl. G.bl. Gs. P. N. par int. dans l'après-midi.
13	0,0	3,9	2,0	0,60	SO	Brouillard. Gelée blanche.
14	- 1,9	2,9	0,5	»		Idem Idem.
15	- 2,8	5,4	1,3	»		Idem Idem.
16	- 2,5	6,0	1,8	»		Brouillard. Forte gelée blanche.
17	2,1	7,5	4,8	1,16	SE	Bl. Pluie par intervalles dans la journée.
18	0,0	12,9	6,5	1,00	SE	Gelée blanche. Brouillard.
19	- 0,3	13,8	6,8	»		Brouillard.
20	5,4	13,0	9,2	»		Pluie à partir de 12 h. 35 et pend. la nuit.
21	6,5	13,4	10,0	11,70	S	Brouillard.
22	4,5	12,0	8,3	»		Idem.
23	4,2	13,4	8,8	»		Bl. Qq. gouttes à 4 h. 30 et à 9 h. du soir.
24	5,0	5,8	5,4	»		Brouillard.
25	0,0	6,0	3,0	»		Brouillard. Gelée blanche.
26	0,6	3,7	2,2	»		Vent très-fort la nuit.
27	- 1,0	6,0	2,5	»		Gelée blanche.
28	- 2,5	5,6	1,6	»		Forte gelée blanche.
	Moyennes.			Somm		
1 à 10	2,0	5,2	3,6	6,10		
11 à 20	- 1,1	6,7	2,8	2,76		
21 à 28	2,2	8,2	5,2	11,70		
1 à 28	0,94	6,58	3,76	20,56		

DATES.	9 H. DU MAT. Bar. à 0°.	9 H. DU MAT. Temp. extér.	MIDI. Bar. à 0°.	MIDI. Temp. extér.	MIDI. État du ciel.	MIDI. Vent.	3 H. DU SOIR Bar. à 0°.	3 H. DU SOIR Temp. extér.
1	743,70	− 1,5	743,40	2,0	Voilé. Nuageux.	NE 1	742,79	2,0
2	756,10	1,9	754,74	4,8	Légèrement voilé.	S 1	755,34	7,4
3	727,00	0,9	726,70	3,4	Pluie.	NNE 1	725,03	4,2
4	735,61	1,2	736,41	3,7	Nuageux.	ONO 1	738,10	2,5
5	749,00	− 0,6	749,49	2,5	Nuages.	SSO 1	743,99	1,2
6	742,99	1,8	743,04	5,0	Pluie.	SO 1	743,80	7,5
7	741,56	8,2	741,24	12,9	Couvert.	SO 1	741,77	12,2
8	743,99	9,7	742,45	16,4	Voilé par parties.	S 1	740,76	17,2
9	744,42	11,6	744,30	14,7	Nuages.	SO 2	743,78	13,6
10	747,03	8,4	747,97	13,9	Nuageux.	ONO 1	748,33	14,2
11	750,57	6,0	749,22	12,8	Nuages.	SSE 1	746,93	14,0
12	741,32	9,7	742,56	10,0	Couvert.	SO 1	742,29	12,8
13	744,64	9,0	745,02	13,5	Clair.	SSO 1	744,31	15,3
14	747,31	7,3	746,61	14,3	Clair.	E 2	746,34	15,4
15	747,95	7,2	747,91	10,5	Nuageux.	E 1	746,98	11,7
16	746,74	7,2	746,42	11,6	Qq. nuages à l'hor.	O 1	745,65	14,8
17	746,34	9,3	746,17	12,2	Nuageux.	SSO 1	745,55	13,0
18	744,66	6,3	744,00	8,5	Pluie.	SSO 1	742,77	11,8
19	737,35	8,7	736,33	12,8	Couvert.	SSO 1	734,76	12,2
20	732,61	7,4	731,25	10,9	Pluie.	SSE 1	729,89	10,9
21	730,01	10,3	730,61	12,5	Couvert. Qq. éclair.	SSO 1	730,45	13,9
22	742,02	2,8	749,11	5,0	Couvert.	ONO 1	746,37	4,0
23	748,06	2,2	746,77	6,0	Qq. légers nuages.	E 1	745,16	9,3
24	741,89	7,3	740,61	14,6	Voilé.	SSO 1	739,27	16,9
25	738,30	11,2	737,37	16,4	Voilé.	S 1	735,87	17,4
26	737,17	11,1	736,56	15,8	Voilé. Nuageux.	SSO 1	735,64	15,9
27	733,31	10,4	733,08	17,5	Voilé. Nuageux.	SSO 1	731,88	17,8
28	730,06	10,8	728,58	13,2	Couvert.	SSE 1	727,44	16,5
29	727,03	11,3	727,38	16,6	Nuages.	S 1	727,05	16,4
30	731,90	9,4	731,82	13,2	Couvert.	SO 1	732,90	11,9
31	736,10	8,3	736,92	11,7	Couvert.	SSO 1	739,75	12,7
					Moyennes.			
1 à 10	741,21	4,2	740,99	7,9			740,23	8,2
11 à 20	743,95	7,8	743,33	11,7			742,55	13,2
21 à 31	736,04	8,6	736,26	12,8			735,62	13,9
1 à 31	740,26	6,90	740,13	10,85			739,34	11,82

DATES.	TEMPÉR. EXTRÊMES. minimum.	TEMPÉR. EXTRÊMES. maximum.	TEMPÉR. EXTRÊMES. moyen	PLUIE en 24 h. en millim	PLUIE en 24 h. Vent pluvieux	PHÉNOMÈNES JOURNALIERS.
1	− 2,3	3,3	0,5	»		Brouillard. Gelée blanche.
2	− 1,3	8,0	3,4	»		Petite gelée blanche.
3	0,2	4,3	2,5	3,90	NO	Brouillard. Pluie le jour et neige ensuite.
4	− 0,7	4,8	2,1	4,60	NO	Quelques flocons vers 9 h. du matin.
5	− 4,7	3,0	− 0,9	0,85	SO	Neige la nuit.
6	− 1,9	7,8	3,0	6,05	S	N. la nuit. P. le matin. Pl. fine le soir.
7	4,5	13,0	8,8	0,09	O	Bl. Quelques gouttes à 2 h. du soir.
8	3,9	17,5	10,6	»		R. Bl. Coups de vent vers 11 h. du soir.
9	6,0	15,5	10,8	»		
10	2,8	14,8	8,8	»		Rosée. Brouillard.
11	3,0	14,5	8,8	»		Rosée. Brouillard.
12	2,7	13,4	8,0	0,48	SE	Bl. P. la nuit. Pl. fine le m. Qq. gouttes le s.
13	5,9	15,8	10,9	»		Rosée. Brouillard.
14	4,8	16,4	10,6	»		R. Bl. Vent assez fort de 1 h. à 5 h. soir.
15	5,0	12,0	8,5	»		Brouillard.
16	3,2	15,5	9,3	»		Rosée. Brouillard.
17	6,1	14,0	10,1	4,20	S	Brouillard. Pluie. Grl. orage le soir.
18	4,2	12,0	8,1	2,60	S	Brouillard. Pluie. Grl. et éclairs le soir.
19	4,8	13,6	9,2	1,30	SO	Rosée. Bl. Pluie de 4 h. à 8 h. du soir.
20	4,3	11,3	7,8	2,10	S	Brouillard. Pluie de midi à 8 h. du soir.
21	8,4	14,8	11,6	3,60	SE	Bl. Pluie le soir et la nuit par intervalles.
22	2,5	5,0	3,8	2,30	O	Quelques gouttes le soir.
23	− 1,0	9,5	4,3	»		Brouillard.
24	3,5	17,2	10,4	»		Rosée. Brouillard.
25	6,7	17,8	12,3	»		Rosée.
26	8,6	16,9	12,8	»		Rosée. Brouillard.
27	7,5	18,8	13,2	6,00	S	Id. Idem.
28	9,8	17,2	13,5	1,35	SO	Bl. P. de 8 h. à midi. Qq. gouttes le soir.
29	9,4	17,6	13,5	»		
30	8,3	13,7	11,0	»		Rosée. Brouillard.
31	5,9	13,0	9,5	2,70	SO	Brouillard.
	Moyennes.			Somm		
1 à 10	0,7	9,2	4,9	15,49		
11 à 20	4,4	13,8	9,1	10,68		
21 à 31	6,3	14,7	10,5	15,95		
1 à 31	3,87	12,65	8,41	42,12		

DATES.	10 H. DU MAT. Bar. à 0°.	10 H. DU MAT. Temp. extér.	MIDI. Bar. à 0°.	MIDI. Temp. extér.	MIDI. Config. des nuages.	MIDI. Nébul.	MIDI. Phén.	MIDI. Vent.	4 H. DU SOIR Bar. à 0°.	4 H. DU SOIR Temp. extér.
1	746,51	10,0	747,25	12,0	Cm St	9	C	O 1	747,17	12,5
2	746,27	9,9	745,28	15,9	»	0	S	OSO 1	742,25	15,0
3	738,59	12,5	738,28	15,9	Cr Cm	2	»	SSE 1	737,96	17,8
4	745,80	11,1	745,91	11,1	»	10	P	NNE 1	745,71	13,8
5	749,21	12,8	748,90	14,8	Cm Cr	5	»	ONO 1	748,10	16,3
6	?	?	748,04	16,7	Cr	5	»	SSO 1	?	?
7	749,34	16,0	749,22	17,2	Cr St	8	»	NE 1	748,55	19,2
8	748,39	14,9	747,51	16,8	Cr 3	9	V 3	NNE 1	746,42	17,1
9	744,48	14,0	743,73	17,3	Cm 3	8	C 2	N 1	742,55	16,3
10	744,20	12,8	743,94	13,6	Cm St	8	»	ONO 1	743,51	15,5
11	744,32	11,7	744,36	13,8	Cm St	5	»	NE 1	743,36	15,3
12	746,57	5,8	747,08	6,9	Cm St 3	10	C 3	NE 1	746,42	6,2
13	?	?	746,11	6,8	Cm St	9	N 1	N 1	?	?
14	747,82	4,3	747,32	4,0	»	10	N Grs	N 1	745,69	5,2
15	744,15	6,7	744,50	7,1	»	10	C	NNE 1	744,21	9,2
16	749,15	6,5	749,09	7,2	Cr 1	1	»	NNE 1	747,66	10,8
17	745,13	9,7	744,90	9,3	»	10	P	OSO 3	744,60	10,0
18	745,71	10,2	745,38	12,7	Cm 3	9	»	O 3	745,40	15,0
19	746,82	14,4	746,04	15,6	Cr Cm	3	»	OSO 1	745,01	21,4
20	?	?	748,42	17,5	Cr 1	0	S	SO 1	?	?
21	746,97	19,0	746,50	19,4	Cm Cr	10	C	O 3	746,23	19,5
22	745,28	17,1	743,76	20,5	Cr Cm	5	»	SO 1	741,20	20,2
23	742,74	12,8	742,96	14,0	Cm Cr 3	9	»	O 3	744,54	13,3
24	750,08	14,1	749,55	16,8	Cr 1	0	S	S 1	748,10	19,5
25	746,80	19,9	745,91	22,0	Cr 1	0	S	SO 1	745,05	23,2
26	746,78	21,2	745,87	23,3	Cr	1	»	S 1	744,79	24,1
27	?	?	746,82	20,2	Cm St	10	C	N	?	?
28	748,57	14,4	747,41	18,1	Cm St	10	C 1	ESE 1	747,38	15,7
29	751,81	14,7	751,91	15,8	Cr	1	»	E 3	751,46	17,0
30	750,76	16,0	750,46	17,8	»	0	S	E 3	749,09	19,8
				Moyennes.						
1 à 10	745,87	12,7	745,81	14,9					744,69	15,9
11 à 20	746,20	8,7	746,31	10,1					745,29	11,6
21 à 30	747,75	16,6	747,12	18,8					746,45	19,4
1 à 30	746,62	12,79	746,41	14,6					745,48	15,8

DATES.	TEMPÉR. EXTRÊMES. minimum.	TEMPÉR. EXTRÊMES. maximum.	TEMPÉR. EXTRÊMES. moyen	PLUIE en 24 h. en millim	PLUIE en 24 h. Vent pluvieux	PHÉNOMÈNES JOURNALIERS.
1	4,9	14,1	9,5	»		Rosée. Brouillard. Gelée blanche.
2	2,8	15,8	9,3	»		Rosée.
3	5,9	19,2	12,5	»		Rosée. Coup de vent assez fort à 7 h. 1/2 du soir.
4	8,6	13,8	11,2	3,20	NO	Pluie de 5 h. du matin à 2 h. du soir.
5	6,5	17,0	11,7	1,90	NO	
6	6,7	18,3	12,5	»		Rosée.
7	8,4	19,6	14,0	»		Rosée. Brouillard.
8	9,4	19,8	14,6	»		Rosée. Pluie fine par interv. le soir et Tn. Éc.
9	8,7	19,2	13,9	0,10	NO	R. Bl. Or. et P. de 6 h. à 10 h. du soir.
10	10,9	17,2	14,0	9,20	S	Rosée. Brouillard.
11	6,7	17,0	11,8	»		Rosée. Brouillard.
12	3,8	8,3	6,0	»		
13	– 1,2	9,2	4,0	»		G.bl. Qq. flocons de neige et Grs. à midi.
14	– 0,5	8,2	3,4	»		G.bl. Grs. Neige par interv. matin et soir.
15	– 1,5	9,7	4,1	0,12	NO	G.bl. Quelques flocons à 11 h. du matin.
16	– 0,6	12,5	5,9	»		Gelée blanche.
17	5,1	12,8	8,9	»		Qq. gouttes le mat. P. par int. le soir et le mat.
18	7,1	15,7	11,4	2,00	SO	
19	3,8	21,4	12,6	»		Rosée. Brouillard.
20	8,0	21,5	14,7	»		Rosée.
21	9,0	20,7	14,8	»		Rosée.
22	7,3	22,4	14,8	»		Pluie le soir et la nuit par intervalles.
23	9,9	16,2	13,0	3,00	O	Grand vent et pluie par intervalles le jour.
24	5,3	21,5	13,4	0,20	NO	Rosée. Quelques gouttes à 9 h. du soir.
25	9,5	24,0	16,7	»		Rosée.
26	13,4	25,8	19,6	»		
27	14,0	22,0	18,0	»		Quelques gouttes le soir.
28	10,0	19,9	14,9	2,00	NO	Pluie par intervalles le jour.
29	7,2	17,3	12,2	4,65	NO	
30	8,0	20,2	14,1	»		
	Moyennes.			Somm		
1 à 10	7,5	17,4	12,3	14,40		
11 à 20	3,1	13,6	8,3	2,12		
21 à 30	9,4	21,0	15,2	9,85		
1 à 30	6,57	17,34	11,92	26,57		

DATES.	10 H. DU MAT. Bar. à 0°.	Temp. extér.	MIDI. Bar. à 0°.	Temp. extér.	Config. des nuages.	Nébul.	Phén.	Vent.	4 H. DU SOIR Bar. à 0°.	Temp. extér.
1	749,53	18,1	748,86	20,5	»	0	S	E 1	748,04	22,2
2	751,26	19,2	751,37	20,1	Cr	1	S	O 2	750,52	20,2
3	748,59	19,7	747,13	22,7	Cr 1	0	V 1	E 2	744,87	24,7
4	743,29	21,0	743,29	22,9	Cr 3	9	V 3	SO 2	?	?
5	747,10	20,1	746,87	21,9	»	0	S	NE 1	746,23	23,1
6	748,85	21,5	748,50	23,8	»	0	S	NE 2	746,96	24,7
7	745,84	21,0	744,59	21,2	Cm St 3	10	C 3	SO 3	746,47	17,3
8	749,45	17,4	748,57	18,9	Cr Cm 3	6		SO 2	746,65	19,3
9	740,90	15,2	740,93	17,5	Cm St	10	C	SO 3	740,09	16,7
10	741,22	14,7	740,94	13,9	»	7	P	OSO 3	740,47	13,9
11	740,71	14,0	740,15	14,8	Cm St	10	C	O 2	739,31	15,0
12	736,94	15,8	736,67	15,0	»	10	P C3	SO 1	736,05	14,0
13	738,34	16,8	738,45	18,8	Cr Cm 2	5		E 2	737,95	19,6
14	738,09	17,9	737,49	19,7	Cm St	10	C	NE 2	736,36	20,6
15	740,86	17,4	741,11	18,4	Cr Cm 3	7		S 2	740,62	19,6
16	744,59	15,2	745,18	16,9	Cm St	10	C	O 1	745,28	17,2
17	748,61	14,0	748,49	14,8	Cm St	10	C 1	O 2	747,98	14,8
18	?	?	746,23	16,8	Cm St	10	C	NNE 1	?	?
19	745,75	17,7	745,07	20,1	Cm St 3	10	C 3	N 1	743,67	20,2
20	741,56	20,0	741,17	19,8	Cr Cm 3	8		N 1	739,89	20,2
21	739,53	16,0	739,41	17,9	Cr Cm 3	8		SO 2	738,09	17,0
22	744,39	13,8	744,49	15,3	Cm St	9	C	O 2	744,24	16,0
23	746,09	17,2	745,61	17,1	Cr	5	V	SO 1	744,62	18,6
24	746,26	10,2	746,16	20,2	Cr 1	0	S	S 1	744,91	22,0
25	?	?	745,64	24,8	Cm St 1	9	C	N 2	?	?
26	747,53	17,0	746,60	18,7	Cm	2		N 1	745,63	19,7
27	746,88	17,2	746,22	17,9	Cr	6	V 3	NO 2	746,00	17,0
28	746,51	15,7	746,12	18,9	Cm St	10	C	OSO 3	745,74	18,9
29	?	?	742,95	21,2	Cr Cm 3	5		E 2	?	?
30	739,21	19,8	738,00	20,1	Cm St	10	C	E 2	737,77	21,5
31	745,09	16,9	745,33	18,8	Cm St	10	C	O 1	745,54	19,0
					Moyennes.					
1 à 10	746,59	18,8	746,07	20,3					745,66	20,2
11 à 20	741,72	16,5	742,00	17,5					740,79	17,9
21 à 31	744,39	17,0	744,20	18,9					743,62	18,9
1 à 31	744,31	17,48	744,09	18,92					743,35	19,00

DATES.	TEMPÉR. EXTRÊMES. minimum.	maximum.	moyen	PLUIE en 24 h. en millim	Vent pluvieux	PHÉNOMÈNES JOURNALIERS.
1	9,9	22,9	16,4	»		
2	12,4	21,1	16,7	»		Rosée.
3	10,0	24,9	17,4	»		Id.
4	13,0	24,2	18,6	»		Id.
5	12,2	23,4	17,8	»		Id.
6	11,6	25,0	18,3	»		Rosée.
7	12,5	21,3	16,9	»		Pluie de midi 1/2 à 3 h. du soir.
8	11,8	20,6	16,2	2,10	SO	Rosée.
9	12,7	18,9	15,8	4,15	S	Pluie par intervalles le matin.
10	8,4	16,0	12,2	0,28	NO	R. P. Gl. et vent très-fort par interv.
11	8,7	15,8	12,3	2,00	O	Pluie par intervalles.
12	9,0	17,3	13,2	1,80	O	Idem.
13	6,8	19,8	13,3	1,30	SO	Rosée. Brouillard.
14	12,0	21,2	16,6	»		Orage et pluie de 9 h. du soir à minuit.
15	11,1	20,0	15,6	23,60	SE	Eclairs le soir dans le nord-est.
16	10,7	18,1	14,4	»		Rosée. Quelques gouttes à 10 h. du matin.
17	9,5	18,3	13,7	»		Rosée. Brouillard. Pluie par interv. le soir.
18	12,9	20,5	16,7	5,70	NO	P. par int. le jour et Tn. Ec. de 6 h. à 8. h. soir.
19	13,8	21,0	17,2	4,10	E	R. Bl. P. par int. Tn. Ec. de 7 à 7 h. 1/2 soir.
20	13,2	22,0	17,6	0,75	NE	R. Tn. Ec. Or. et pluie le soir de 4 h. à 11 h.
21	12,8	19,2	16,0	1,10	S	R. Bourrasques et pluie de 7 h. à 8 h. du soir.
22	6,9	17,2	12,1	1,00	O	Rosée.
23	8,7	18,7	13,7	»		Rosée. Halo solaire à 9 h. du matin.
24	9,9	23,7	16,8	»		Rosée.
25	12,5	23,2	17,8	»		Id.
26	11,4	19,8	15,6	»		
27	10,2	19,3	14,8	»		Rosée. Quelques gouttes à 7 h. du soir.
28	13,3	19,3	16,3	0,11	SO	Pluie fine le matin.
29	11,2	23,7	17,5	»		Rosée.
30	14,4	22,3	18,4	1,02	SE	R. Pl. fine le mat. Or. et Pl. à 5 h. du soir.
31	15,3	20,1	17,7	0,70	SE	
	Moyennes.			Somm		
1 à 10	11,5	21,8	16,7	6,53		
11 à 20	10,8	19,4	15,1	39,25		
21 à 31	11,5	20,6	16,1	3,93		
1 à 31	11,25	20,61	15,96	49,71		

DATES.	10 H. DU MAT.		MIDI.						4 H. DU SOIR	
	Bar. à 0°.	Temp. extér.	Bar. à 0°.	Temp. extér.	Config. des nuages.	Nébul.	Phén.	Vent.	Bar. à 0°.	Temp. extér.
1	?	?	743,02	23,0	Cm St	9	V	E 1	?	?
2	746,50	20,1	746,45	21,7	Cm St	9	V	SO 1	746,10	21,7
3	748,87	20,2	748,73	21,0	Cm St	10	C 3	NO 2	748,13	21,9
4	750,75	20,7	750,32	20,5	Cr Cm	7		O 1	748,88	21,2
5	743,03	20,9	744,91	24,5	Cr Cm 3	10	V 3	ESE 1	739,77	25,8
6	742,99	22,7	743,22	24,0	Cr Cm 3	8	V	O 1	742,65	24,8
7	745,26	26,3	744,73	26,3	Cr Cm 3	10	V 3	OSO 3	745,26	27,0
8	?	?	745,28	27,8	Cm	7		SO 1	?	?
9	742,14	19,0	743,83	10,0	»	10	P	NNO 2	745,99	13,2
10	748,09	16,2	747,07	16,8	Cm St	8		SO 1	744,41	18,0
11	738,11	17,0	736,96	17,8	Cm St	10	C 1	SE 1	735,98	17,5
12	739,21	19,3	738,25	20,5	Cm	5		SO 1	735,90	22,0
13	741,84	19,0	741,85	19,7	Cm	6		O 3	741,74	18,9
14	741,92	16,9	741,30	17,8	Cm St	10	C	O 3	741,32	18,0
15	?	?	744,17	17,0	Cm St	10	C	OSO 3	?	?
16	741,47	14,0	741,48	15,2	»	10	P1 C3	NNE 2	743,09	14,7
17	743,72	14,7	745,79	14,0	Cm St	10	C	NO 3	744,59	16,8
18	740,58	12,0	740,39	13,2	Cm St	10	C	NNE 2	740,11	15,2
19	743,71	15,0	745,68	16,8	Cm St 1	9		N 3	743,35	17,9
20	742,77	13,0	742,37	13,0	Cm St 3	10	C 3	O 2	741,90	13,8
21	741,29	12,2	740,54	13,9	Cm St	10	C	O 3	740,31	12,0
22	?	?	738,72	14,8	Cm St	10	C	O 3	?	?
23	739,15	13,0	738,92	14,7	»	10	P1 C3	OSO 1	739,49	15,0
24	746,48	14,0	746,15	14,9	Cr 5	5	Hs	NO 1	745,33	17,5
25	745,19	15,7	744,65	18,8	Cm St 1	9		O 1	745,18	17,3
26	747,77	17,0	747,04	18,1	Cm St	9	C 1	N 1	743,51	19,8
27	740,68	19,3	740,18	20,2	Cm St	10	C 1	OSO 1	738,83	20,0
28	742,05	13,9	741,91	13,9	Cm	8		O 3	744,44	16,8
29	746,33	15,2	746,59	17,0	Cm St	10	C	NO 3	?	?
30	744,25	13,0	743,91	14,3	»	10	P1 C3	OSO 2	742,01	15,0
					Moyennes.					
1 à 10	745,95	20,8	745,48	21,5					745,16	21,4
11 à 20	741,70	15,7	741,65	16,5					740,91	17,2
21 à 30	743,09	15,0	742,84	16,5					742,74	16,7
1 à 30	743,70	17,0	743,32	18,10					742,85	18,39

DATES.	TEMPÉR. EXTRÊMES.			PLUIE en 24 h.		PHÉNOMÈNES JOURNALIERS.
	mini-mum.	maxi-mum.	moyen	en millim	Vent pluvieux	
1	11,2	25,0	18,1	»		Pluie. Orage le soir.
2	15,5	23,7	19,6	4,15	SO	Pluie par intervalles la nuit.
3	16,2	23,1	19,7	»		Brouillard.
4	15,2	21,8	18,5	»		
5	10,7	25,0	17,9	»		R. Qq. gouttes à 6 h. soir. Ec. de 9 à 10 h. soir.
6	15,7	25,4	20,5	»		
7	16,9	28,0	22,4	»		
8	17,0	29,0	23,0	»		Tn. Ec. le mat. P. et deux orages le soir.
9	10,0	19,0	14,5	17,50	O	P. Tn. Bourr. le mat. Qq. gouttes à 4 h. soir.
10	9,6	19,5	14,5	0,25	NO	Rosée.
11	11,9	20,9	16,4	1,50	S	Pluie fine par interv. matin et soir.
12	12,0	22,0	17,0	0,60	O	Idem idem. Ec. le s., coups de v.
13	14,5	20,0	17,2	0,10	SO	Pluie de 3 h. à 5 h. du soir.
14	12,7	18,2	15,4	1,65	O	Pluie fine par int. le jour. Pluie id. la nuit.
15	10,8	18,2	14,5	5,80	O	Idem id. le matin.
16	9,4	15,5	12,4	0,30	NO	Pluie fine par intervalles la journée.
17	10,7	17,9	14,3	0,75	NE	Quelques gouttes à 7 h. 1/2 du soir.
18	10,7	16,0	13,3	1,70	SO	Pluie fine par intervalles le jour.
19	11,2	18,0	14,6	0,80	NO	Idem idem id.
20	10,1	13,8	11,9	1,42	NE	Idem idem id.
21	9,4	14,7	12,1	1,80	O	Pl. fine le mat. Coups de vent et pl. le soir.
22	11,3	15,2	13,3	5,60	O	P. de 6 à 9 h. du mat. et de 7 à 9 h. du soir.
23	10,2	16,0	13,1	3,50	SO	Pluie par intervalles le jour.
24	7,5	18,8	13,1	4,40	NO	Rosée. Halo solaire à 11 h. 1/2 du matin.
25	12,5	18,8	15,6	»		Quelques gouttes par intervalles le jour.
26	9,2	20,3	14,7	»		Rosée. Brouillard.
27	9,6	21,3	15,4	»		Rosée. Grand vent la nuit.
28	8,3	17,5	12,9	»		Quelques gouttes à 8 h. du soir.
29	9,9	18,0	13,9	»		
30	10,1	15,2	12,7	0,70	SO	Pluie fine par intervalles le jour.
	Moyennes.			Somm		
1 à 10	13,8	24,0	18,9	21,90		
11 à 20	11,4	18,1	14,8	14,62		
21 à 30	9,8	17,6	13,7	16,00		
1 à 30	11,68	19,85	15,77	52,52		

DATES.	10 H. DU MAT. Bar. à 0°.	10 H. DU MAT. Temp. extér.	MIDI. Bar. à 0°.	MIDI. Temp. extér.	MIDI. Config. des nuages.	MIDI. Nébul.	MIDI. Phén.	MIDI. Vent.	4 H. DU SOIR. Bar. à 0°.	4 H. DU SOIR. Temp. extér.
1	746,54	15,8	745,98	17,6	Cm St	10	C	O 2	745,06	17,4
2	746,67	16,2	746,41	17,3	Cm St	10	C	O 3	745,63	19,2
3	747,04	14,7	746,29	18,0	Cm St	10	C 1	O 2	744,60	19,9
4	744,65	19,8	744,31	20,2	Cr Cm 3	7		O 2	745,37	21,4
5	739,55	22,8	738,88	23,8	Cr 3	6		S 2	737,61	24,6
6	?	?	736,97	17,7	Cm St	10	C	N 1	?	?
7	743,60	17,7	743,66	18,0	Cm St	10	C	SO 3	744,12	18,0
8	747,58	17,4	748,68	17,0	Cm St	9	C 1	O 3	749,61	19,9
9	750,26	20,7	750,02	22,0	Cm St	9	C 1	O 1	747,91	22,4
10	742,88	21,0	742,59	21,2	Cm St 1	9		O 3	741,65	21,0
11	743,36	15,0	743,47	16,0	Cm St 1	9		ONO 3	744,06	16,2
12	739,71	15,2	738,79	14,3	»	10	P1 C3	SO 3	738,04	14,2
13	?	?	745,70	18,3	Cm St	9		O 3	?	?
14	746,57	23,2	746,58	22,9	Cm St	8		SO 1	745,22	24,2
15	741,32	18,5	741,78	22,0	Cm St 1	7		SO 1	740,93	20,4
16	742,58	17,7	742,66	18,2	Cm St 3	10	C 3	O 1	742,76	17,0
17	745,32	19,0	745,04	20,2	Cr Cm 3	6	V	SO 2	744,63	20,0
18	746,60	20,9	746,55	20,8	Cm St 1	8	C 1	O 1	747,09	22,1
19	749,89	21,4	749,48	23,1	Cm St 1	7		SO 1	749,03	23,7
20	?	?	750,58	20,1	Cm St 1	7		NO 2	?	?
21	750,03	14,0	749,90	15,6	Cm St 3	10	C	O 1	750,20	18,9
22	750,90	17,6	750,06	18,8	Cr Cm	3		NE 1	748,83	19,5
23	747,12	20,7	746,59	22,5	Cm St	9		SO 1	745,42	22,0
24	748,58	18,0	748,76	19,0	Cm 2	4		ONO 2	748,86	21,0
25	749,78	22,8	749,40	24,1	»	0	S	O 2	748,39	26,3
26	748,06	23,0	747,57	25,9	Cr 1	1		NE 1	746,37	27,8
27	?	?	746,07	27,8	»	0	S	N 2	?	?
28	746,91	24,8	746,52	28,0	Cr 3	7	V	N 1	745,35	28,3
29	744,81	24,0	744,64	26,4	Cr Cm 3	6		O 1	744,08	27,0
30	742,05	17,0	741,01	18,9	Cm St	10		NE 1	743,69	16,0
31	751,33	17,2	750,89	19,8	Cm	6		O 1	750,00	19,5
					Moyennes.					
1 à 10	745,42	18,5	744,38	19,3					744,49	20,4
11 à 20	744,42	18,9	745,04	19,6					743,97	19,7
21 à 31	747,96	19,9	747,40	22,4					747,14	22,6
1 à 31	746,06	19,11	745,66	20,50					745,32	21,05

DATES.	TEMPÉR. EXTRÊMES. minimum.	TEMPÉR. EXTRÊMES. maximum.	TEMPÉR. EXTRÊMES. moyen	PLUIE en 24 h. en millim	PLUIE en 24 h. Vent pluvieux	PHÉNOMÈNES JOURNALIERS.
1	8,9	18,1	13,5	2,07	SO	
2	13,6	19,6	16,6	»		Quelques gouttes le soir.
3	13,2	20,6	16,9	1,10	SO	Pluie le matin.
4	12,6	22,0	17,3	»		Ec. vers 11 h. du soir. Qq. gouttes la nuit.
5	14,9	27,0	20,9	0,50	SE	Pluie vers 1 h. du matin.
6	16,8	18,3	17,6	4,00	O	P. par int. le jour. Or. de 10 à 11 h. mat.
7	13,2	20,0	16,6	13,05	O	Grand vent la nuit. Qq. gouttes à midi.
8	14,5	20,1	17,3	2,32	SO	Pluie par int. le matin. Qq. gouttes le soir.
9	13,2	23,5	18,3	»		Rosée.
10	14,4	22,2	18,3	0,05	NO	Quelques gouttes la nuit. Pluie le soir.
11	12,8	17,2	15,0	9,22	O	Pluie par intervalles le matin.
12	12,1	15,3	13,7	2,20	SO	Pluie fine le jour et pluie le soir.
13	13,2	23,5	18,3	15,40	SO	Tp. et P. vers 2 h. du mat. Qq. gouttes le s.
14	11,2	24,9	18,1	»		Rosée.
15	13,3	25,7	19,5	11,10	S	Rosée. Brouillard. Orage et pluie le matin.
16	13,8	20,0	16,9	4,36	NO	Pluie matin et soir par intervalles.
17	11,0	21,0	16,0	0,70	NO	Rosée.
18	12,0	23,2	17,6	»		Id.
19	13,1	24,0	18,6	»		Id.
20	15,3	21,4	18,4	»		Grand vent le soir.
21	13,5	19,4	16,5	0,78	NO	Pluie fine de 7 h. à 9 h. du matin.
22	9,2	20,1	14,7	»		Rosée.
23	12,2	24,0	18,1	0,18	SO	Qq. gouttes à 7 h. et à 10 h. du matin.
24	14,9	22,0	18,5	»		Vent assez fort le matin.
25	13,7	27,1	20,4	»		Rosée.
26	13,8	28,1	20,9	»		Rosée.
27	16,9	29,3	23,1	»		Id.
28	18,5	29,2	23,9	»		Rosée. Orage de 11 h. 1/2 du soir à minuit.
29	19,3	27,6	23,5	11,70	S	Or. et P. de min. à 2 h. du mat. P. le soir.
30	16,0	19,8	17,9	5,00	N	R. Bl. Or. et P. le matin. P. de midi à 2 h.
31	10,2	20,9	15,5	5,75	N	Rosée.
	Moyennes.			Somm		
1 à 10	13,5	21,1	17,3	23,09		
11 à 20	13,0	21,4	17,2	42,98		
21 à 31	14,4	24,3	19,4	23,41		
1 à 31	13,65	22,35	18,00	89,48		

DATES.	10 H. DU MAT. Bar. à 0°.	10 H. DU MAT. Temp. extér.	MIDI. Bar. à 0°.	MIDI. Temp. extér.	MIDI. Config. des nuages.	MIDI. Nébul.	MIDI. Phén.	MIDI. Vent.	4 H. DU SOIR. Bar. à 0°.	4 H. DU SOIR. Temp. extér.
1	748,51	19,2	748,02	21,0	»	0	S	NE 1	747,02	22,3
2	746,60	22,6	746,38	25,0	»	1	V	O 3	745,15	27,0
3	?	?	746,57	22,2	Cm St	8		ONO 1	?	?
4	747,22	20,9	746,33	21,9	Cm	5	V	E 2	744,67	22,8
5	741,95	20,9	741,33	25,6	Cr	3	V	S 2	741,24	25,7
6	745,20	20,0	745,85	20,1	Cm St	8		OSO 2	745,48	20,5
7	741,35	21,1	739,94	21,9	Cm St 3	10	C 5	S 3	739,57	18,0
8	740,29	17,7	739,86	18,5	Cm St	10	C	O 3	738,52	19,9
9	740,51	17,0	740,53	17,4	Cm St	7		O 2	740,28	18,8
10	?	?	744,66	19,4	Cm St	9	C	NO 2	?	?
11	748,24	17,1	748,46	16,0	Cm St	10	C	O 3	749,47	16,0
12	749,70	17,3	749,52	19,1	Cm St	10	C 1	N 1	748,60	19,1
13	747,16	17,9	746,34	19,9	Cm St	10	C 1	NE 1	745,51	21,0
14	742,82	19,2	741,05	21,5	Cr 1	2		SO 1	740,99	23,7
15	?	?	742,63	19,4	»	10	Pl C 2	O 1	?	?
16	740,35	18,2	740,29	20,2	Cm St	10	C	SO 1	739,43	19,4
17	?	?	739,44	18,1	Cm St	9	C 1	SO 1	?	?
18	741,25	19,0	740,94	18,5	Cm St	9	C	NO 1	741,16	21,2
19	745,56	19,0	745,36	20,0	Cm St	10	C	ONO 1	744,85	20,0
20	745,66	18,7	744,84	21,0	Cm St	9	C	NNE 1	743,46	22,0
21	742,85	20,1	742,55	22,1	Cr Cm 1	2		E 2	742,09	23,0
22	743,54	20,2	742,85	21,8	Cm St	7		O 1	742,99	19,8
23	749,44	17,9	749,34	18,8	Cm St	7		NO 1	749,55	19,0
24	?	?	750,48	20,6	Cm St	7		E 2	?	?
25	750,74	18,2	749,74	20,3	Cr Cm	4		E 2	748,28	20,7
26	742,74	19,8	741,95	23,2	Cr Cm 3	5		S 1	740,53	24,2
27	741,43	21,8	741,12	23,8	Cr St 3	5	V 3	O 1	741,11	23,3
28	743,60	17,9	743,21	20,0	»	9	Pl C 1	N 1	743,21	17,3
29	745,71	15,9	744,86	18,0	»	10	Pl C	NE 1	745,61	16,1
30	745,09	17,1	744,44	19,0	Cr Cm	5		N 1	743,73	20,6
31	?	?	744,22	19,8	Cr St	4	V	N 1	?	?
Moyennes.										
1 à 10	743,93	19,9	743,93	21,1					742,74	21,9
11 à 20	745,09	18,5	743,98	19,4					744,16	20,3
21 à 30	744,99	18,8	744,90	20,7					744,12	20,4
1 à 31	744,68	18,99	744,31	20,39					743,69	20,86

DATES.	TEMPÉR. EXTRÊMES. minimum.	TEMPÉR. EXTRÊMES. maximum.	TEMPÉR. EXTRÊMES. moyen	PLUIE en 24 h. en millim	PLUIE en 24 h. Vent pluvieux	PHÉNOMÈNES JOURNALIERS.
1	10,3	22,8	16,6	»		Rosée.
2	13,3	27,2	20,3	»		Rosée. Brouillard.
3	18,6	23,1	20,9	1,28	SO	P. et gr. vent le mat. Qq. gouttes à 8 h. soir.
4	12,2	23,5	17,8	»		Rosée.
5	12,4	26,0	19,2	»		R. Or. et pluie le soir. Grand vent la nuit.
6	15,0	21,1	18,1	8,20	S	Pluie par intervalles.
7	12,9	23,2	18,1	0,30	O	Pluie de 1 h. à 4 h. du soir.
8	13,7	20,2	16,9	1,80	SO	Gd vent le jour et qq. gouttes à 6 h. du soir.
9	13,2	19,5	16,4	0,20	O	Qq. gouttes le mat. Tn. Ec. à 3 h. du soir.
10	13,0	20,0	16,5	»		
11	11,0	17,0	14,0	»		
12	13,0	20,0	16,5	»		
13	10,1	21,7	15,9	»		Rosée.
14	10,0	24,0	17,0	»		Id.
15	15,9	20,7	18,3	6,15	SO	P. de min. à 5 h. du mat. Pl. fine par interv.
16	13,3	20,9	18,1	5,20	E	P. de 1 h. à 4 h. du mat. Pl. fine par interv.
17	12,4	20,3	16,4	2,48	SO	Averse à 11 h. 1/2 du mat. Pluie le soir.
18	13,8	21,8	17,8	1,97	SO	Quelques gouttes à 10 heures du matin.
19	15,5	20,1	17,6	»		Rosée.
20	11,8	22,6	17,2	»		Rosée. Brouillard.
21	13,2	24,0	18,6	»		Rosée.
22	14,4	22,7	18,6	»		Grand vent et pluie fine le soir et la nuit.
23	12,4	20,9	16,7	0,58	NO	
24	11,0	21,5	16,3	»		Rosée.
25	10,1	21,4	15,8	»		Id.
26	11,7	24,7	18,2	»		Rosée.
27	15,2	25,1	20,2	»		
28	16,2	20,2	18,2	12,50	NO	Pluie tout le jour.
29	14,0	18,2	16,1	8,70	NO	Pluie par intervalles matin et soir.
30	12,0	21,5	16,8	3,00	NE	
31	11,3	21,2	16,3	»		Rosée.
	Moyennes.			Somm		
1 à 10	13,5	22,7	18,1	11,78		
11 à 20	12,9	20,9	16,9	13,80		
21 à 31	12,9	21,9	17,4	24,78		
1 à 31	13,06	21,84	17,45	50,36		

DATES.	10 H. DU MAT.		MIDI.						4 H. DU SOIR.	
	Bar. à 0°.	Temp. extér.	Bar. à 0°.	Temp. extér.	Config. des nuages.	Nébul.	Phén.	Vent.	Bar. à 0°.	Temp. extér.
1	745,27	19,0	742,82	20,9	Cr 1	1		E 1	741,83	21,5
2	741,12	20,8	741,27	19,0	»	10	P 1 C 3	S 1	740,80	19,3
3	745,19	18,0	742,60	17,9	Cm St	10	C	SO 1	742,02	17,8
4	741,22	15,7	740,53	17,0	Cr 3	5		N 1	739,87	18,2
5	739,55	16,8	739,89	16,5	Cm St	10	C	SO 2	741,96	15,8
6	745,01	13,6	744,65	14,7	Cm St	10	C	O 1	744,84	15,5
7	?	?	748,71	16,3	Cm St	9	C	OSO 1	?	?
8	750,04	16,9	750,19	18,3	Cm St	9	V	SO 1	748,88	17,6
9	748,47	19,0	748,11	19,0	Cr Cm	5		N 1	747,07	18,5
10	744,24	17,8	745,10	20,0	Cr	2		E 1	741,62	21,1
11	744,80	14,0	744,82	14,6	Cm St 3	10	C 5	N 2	745,02	14,6
12	748,96	14,7	749,00	16,5	Cm St 1	7	C 1	N 2	748,94	17,2
13	747,48	14,8	746,19	17,1	Cr	3	V	N 1	744,85	18,0
14	?	?	743,00	19,8	Cm St	9	C	SE 1	?	?
15	745,00	18,2	742,65	20,3	Cr 1	1		E 2	741,83	21,8
16	743,65	20,0	743,47	21,9	»	0	S	NE 2	745,51	22,5
17	748,86	19,1	748,44	21,0	Cr	2		NE 2	748,61	21,5
18	750,89	18,3	750,45	20,0	»	0	S	NE 3	749,70	20,0
19	749,57	16,2	749,08	17,9	Cr 1	1		E 2	747,95	18,8
20	746,53	15,8	745,57	17,9	Cr	1		E 2	745,37	18,9
21	?	?	746,85	18,7	»	0	S	NE 1	?	?
22	749,06	15,7	748,86	16,2	Cm Cr	7	V	NE 1	748,57	16,2
23	748,15	13,0	747,70	15,8	Cr St	4		S 1	746,59	17,1
24	745,58	15,8	744,93	19,4	Cm Cr	7		S 1	743,89	18,8
25	744,51	17,2	744,72	17,0	Cm St 3	10	C 3	N 1	744,91	16,6
26	746,98	16,2	747,57	17,0	Cm St	9	C 1	S 1	745,70	18,4
27	746,42	16,8	745,78	19,1	»	4	V 3	S 2	744,97	20,5
28	?	?	746,42	22,0	Cm St 1	3	V 1	SO 1	?	?
29	745,25	19,7	744,37	21,9	Cr 1	1		S 1	744,37	22,0
30	749,32	17,0	749,05	19,8	Cm St 1	8	C 1	SO 1	747,99	19,8
				Moyennes.						
1 à 10	744,01	17,5	744,19	18,0					743,21	18,4
11 à 20	747,06	16,8	750,27	18,7					746,20	19,3
21 à 30	746,88	16,4	746,63	18,7					745,87	18,7
1 à 30	745,99	16,93	747,02	18,45					745,07	18,77

DATES.	TEMPÉR. EXTRÊMES.			PLUIE en 24 h.		PHÉNOMÈNES JOURNALIERS.
	minimum.	maximum.	moyen	en millim	Vent pluvieux	
1	11,7	22,5	17,1	»		Rosée. Pluie fine de 6 h. à 8 h. du soir.
2	15,8	20,8	18,3	0,40	SO	Pl. fine par int. Éc. et grand vent le soir.
3	13,8	19,1	16,5	2,75	SO	Pluie et vent très-fort la nuit.
4	12,2	19,8	16,0	3,20	NE	Pluie par intervalles le soir.
5	13,0	18,2	15,6	8,00	NO	Pluie la nuit. Grand vent le soir.
6	10,7	17,6	14,2	0,12	SO	Quelques gouttes le matin.
7	10,9	17,7	14,3	0,13	SO	Rosée. Quelques gouttes le matin.
8	12,2	19,7	16,0	0,10	SO	Pl. fine à 11 h. mat. Qq. gouttes à 2 h. soir.
9	13,0	20,9	17,0	»		Rosée.
10	13,8	21,4	17,6	»		Id.
11	13,3	14,8	14,1	»		
12	9,2	18,1	13,7	»		Rosée.
13	11,2	19,2	15,2	»		
14	13,8	20,2	17,0	»		
15	10,8	22,0	16,4	»		Rosée. Grand vent le soir.
16	12,9	23,4	18,2	»		Rosée. Grand vent le jour.
17	13,2	22,2	17,7	»		Id. Idem id.
18	11,2	20,9	16,1	»		Id. Idem id.
19	9,8	19,2	14,5	»		Rosée. Vent très-fort le jour.
20	10,8	19,2	15,1	»		Grand vent le jour.
21	8,0	20,0	14,0	»		Grand vent le soir.
22	9,2	17,9	13,6	»		
23	6,8	18,2	12,5	»		Rosée.
24	9,9	20,8	15,4	»		R. Qq. gouttes le mat. P. et Or. vers minuit.
25	14,3	18,9	16,6	16,80	NE	Pluie par intervalles jusqu'à 4 h. du soir.
26	10,4	20,8	15,6	7,20	N	Pluie fine de 5 h. à 7 h. du matin.
27	10,7	21,0	15,9	»		Rosée. Brouillard.
28	13,6	23,2	18,4	»		Rosée.
29	14,4	23,0	18,7	»		Rosée. Quelques gouttes à 7. du soir.
30	14,3	20,8	17,6	»		Rosée. Grand vent le matin. Éc. le soir.
	Moyennes.			Somm		
1 à 10	12,7	19,8	16,3	14,70		
11 à 20	11,6	19,9	15,8	»		
21 à 30	11,2	20,3	15,9	24,00		
1 à 30	11,83	20,05	15,94	38,70		

DATES.	10 H. DU MAT. Bar. à 0°.	Temp. extér.	MIDI. Bar. à 0°.	Temp. extér.	Config. des nuages.	Nébul.	Phén.	Vent.	4 H. DU SOIR. Bar. à 0°.	Temp. extér.
1	748,65	16,3	748,76	13,2	Cm St	10	C	O 1	751,50	11,3
2	755,62	12,1	755,22	13,0	Cm St	8		S 1	754,50	13,8
3	756,91	11,6	756,20	14,6	»	0	S	S 2	755,37	16,1
4	756,01	12,7	755,17	17,0	»	0	S	NE 1	755,57	17,9
5	?	?	751,78	18,1	Cm St 1	5		NE 1	?	?
6	747,05	15,5	746,81	17,2	Cm St	9	V 3	E 2	747,60	16,1
7	745,45	14,0	744,86	16,2	Cm St	10	C	S 1	744,44	15,6
8	749,90	11,5	749,52	16,2	Cr 5	4	V	N 1	749,54	16,2
9	750,65	13,9	750,13	16,2	Cr	3	V 1	NE 1	749,28	17,8
10	750,43	12,4	749,56	14,8	»	0	S	S 1	748,32	16,7
11	746,63	15,0	746,05	17,4	Cm St 1	10	C 1	SO 1	746,05	15,0
12	?	?	745,51	17,9	Cm St 1	10	C 1	SSO 1	?	?
13	745,52	14,9	745,72	14,9	Cm St 3	10	C 3	O 1	746,05	12,2
14	747,52	18,1	747,30	20,8	»	0	S	O 2	747,52	20,4
15	745,38	16,2	744,59	20,2	Cr	3		S 3	745,04	20,2
16	749,98	14,1	749,92	14,7	Cm St	7	V 3	O 3	750,20	14,5
17	748,48	11,2	747,04	14,0	Cm St	9	V 3	SO 3	744,66	12,7
18	743,64	11,5	742,52	12,7	Cm St 3	10	C 3	SO 2	739,43	12,1
19	?	?	743,60	11,0	Cm St	9	C	OSO 2	?	?
20	729,22	12,0	751,99	8,1	Cm St	10	P C	ONO 1	734,82	9,8
21	743,36	6,0	743,09	6,9	Cm St	10	C	O 2	744,95	6,8
22	744,76	10,5	743,12	11,0	Cm St 3	10	C 3	SO 5	745,17	10,8
23	736,74	11,2	735,96	11,7	Cm St	6		OSO 2	735,60	10,5
24	758,52	10,7	758,52	10,9	Cm St 1	5		O 2	758,37	9,9
25	747,07	5,8	747,56	9,3	Cr 1	0		O 1	747,69	8,9
26	?	?	744,08	10,2	Cr Cm	6		SO 1	?	?
27	751,61	9,2	750,94	9,8	Cm St	9	C 1	SO 2	750,50	9,7
28	746,39	7,0	745,17	9,3	Cr Cm	3		S 1	743,99	9,0
29	743,11	4,3	741,75	7,2	Cm St	10	C	NE 1	741,48	8,0
30	740,82	8,8	730,97	9,8	Cr Cm	6	V 3	NE 1	740,17	9,9
31	740,80	10,1	739,99	13,0	Cr 1	2	V 1	NE 1	740,90	13,0
					Moyennes.					
1 à 10	751,18	13,5	750,80	15,7					750,41	15,7
11 à 20	744,35	14,1	744,42	15,2					744,04	14,6
21 à 31	743,29	8,4	742,72	9,9					742,58	9,7
1 à 31	746,29	11,71	745,87	13,46					745,02	13,12

DATES.	TEMPÉR. EXTRÊMES. minimum.	maximum.	moyen	PLUIE en 24 h. en millim	Vent pluvieux	PHÉNOMÈNES JOURNALIERS.
1	13,2	14,8	14,0	0,35	S	Pl. fine par int. le mat. G[d] vent vers midi
2	9,8	15,7	12,8	»		Rosée. Brouillard.
3	6,5	16,8	11,6	»		Id. Idem.
4	7,0	19,2	13,1	»		Id. Idem.
5	10,8	19,7	15,3	»		Id. Idem.
6	10,6	18,0	14,3	»		Rosée.
7	9,0	17,2	13,1	»		Rosée. Brouillard.
8	6,9	18,2	12,6	»		Id. Idem.
9	8,4	18,1	13,3	»		Rosée.
10	8,4	17,4	12,9	»		Rosée. Brouillard.
11	8,8	17,7	13,3	»		R. Bl. Pl. fine le soir. Averse à 8 h. du soir.
12	11,0	18,3	14,7	3,95	SO	Pl. fine le jour par int. Grand vent la nuit.
13	13,7	16,0	14,9	1,70	SO	Pluie fine le jour par intervalles.
14	12,1	21,8	17,0	0,25	SO	Rosée.
15	10,3	21,7	16,0	»		Rosée. Pluie fine le soir et grand vent.
16	13,4	15,7	14,6	1,70	SO	R. Ouragan à 3 h. du mat. Qq. gouttes le soir.
17	6,3	14,4	10,4	0,25	SO	Pluie à partir de 5 h. du soir et grand vent.
18	9,2	13,3	11,3	2,80	SO	Pluie et grand vent le soir.
19	6,6	12,0	9,3	4,00	SO	Id. idem le matin.
20	8,3	9,8	9,1	8,70	SO	Tp. P. la nuit et le mat. G[d] vent le jour. Or. le s.
21	4,8	9,0	6,9	10,20	O	Pluie par intervalles et grand vent.
22	6,0	11,8	8,9	4,15	SO	Pluie par interv. Bourrasques et g[d] vent
23	10,3	12,4	11,4	5,90	SO	Rosée. Pluie vers 7 h. du matin.
24	8,3	11,8	10,1	»		
25	2,8	10,9	6,9	»		Brouillard. Gelée blanche.
26	1,5	11,7	6,6	»		Bl. Gelée blanche. Pluie dans la soirée.
27	7,7	11,1	9,4	0,65	O	
28	2,6	10,4	6,5	»		Brouillard. Gelée blanche.
29	0,9	8,8	4,9	0,28	NO	Bl. G.bl. Pl. fine le mat. P. à partir de 6 h. s.
30	7,0	11,0	9,0	1,45	NO	Pluie fine par intervalles.
31	7,8	14,9	11,4	0,29	NO	Pluie fine la nuit.
	Moyennes.			Somm		
1 à 10	9,0	17,5	13,3	0,35		
11 à 20	10,0	16,1	13,0	23,35		
21 à 31	5,4	12,4	8,3	22,92		
1 à 31	8,06	14,83	11,45	46,62		

DATES.	10 H. DU MAT. Bar. à 0°.	Temp. extér.	MIDI. Bar. à 0°.	Temp. extér.	Config. des nuages.	Nébul.	Phén.	Vent.	4 H. DU SOIR. Bar. à 0°.	Temp. extér.
1	?	?	739,50	7,9	Cm St	9	C	NE 1	?	?
2	?	?	744,26	10,3	Cm St	10	C	O 1	?	?
3	746,48	9,0	746,10	9,2	Cm St	10	C	N 1	746,00	9,1
4	746,28	9,4	745,93	10,0	Cm St 3	10	C 3	N 1	746,41	9,6
5	748,16	9,6	747,46	9,9	Cm St	10	C	N 1	746,98	9,1
6	748,71	9,0	747,89	9,9	Cm St	10	C	N 1	747,20	10,2
7	749,06	9,3	748,35	9,7	Cm St	10	C	NE 1	748,28	9,5
8	749,79	8,1	748,84	8,4	Cm St	10	C	O 1	749,10	9,0
9	?	?	747,07	9,3	Cm St	10	C	SO 1	?	?
10	737,60	7,7	736,64	9,1	Cm St 1	10	C 1	S 1	735,02	7,8
11	731,77	7,6	731,46	8,2	»	10	C3 P1	S 1	730,72	7,8
12	736,42	5,6	736,82	6,1	»	10	C3 P1	N 1	738,93	6,0
13	743,24	7,8	738,32	8,4	Cm St	10	C	N 2	741,36	8,8
14	738,81	8,8	738,00	9,1	Cm St	10	C	N 1	738,47	8,4
15	741,36	8,0	740,70	8,7	»	10	C3 P1	N 1	741,34	7,8
16	?	?	744,63	7,9	Cm St	10	C	NE 1	?	?
17	748,95	5,9	748,89	6,0	Cm St	10	C 3	N 1	748,63	4,7
18	750,29	5,1	749,85	6,3	Cm St	10	C 3	E 1	749,30	5,1
19	746,65	3,0	746,11	3,7	Cm St	7		E 1	746,05	2,1
20	746,87	- 1,0	745,67	0,4	»	0	S	NE 1	745,75	0,1
21	746,32	- 0,8	745,81	0,0	Cm St	10	C 1	NE 1	745,79	- 1,0
22	742,66	- 3,0	741,34	- 2,2	Cr 1	0	S	SO 1	740,66	- 1,4
23	?	?	739,49	1,5	Cm St 3	10	C 3	SO 1	?	?
24	735,64	- 2,0	734,75	- 0,5	Cr Cm 3	9	V	NE 2	735,10	- 0,6
25	731,35	- 0,3	730,46	0,8	Cm St	10	C	NNE 1	729,53	0,1
26	730,01	0,6	730,05	1,8	Cm St	10	C	SO 1	732,55	0,6
27	739,32	1,0	739,25	2,0	Cm St	10	C	SO 1	739,69	2,0
28	744,25	2,1	744,00	3,1	Cm St	10	C	SE 1	742,72	2,2
29	740,23	2,0	739,72	2,2	Cm	9	V 3	E 1	739,72	2,0
30	?	?	741,79	3,2	Cr Cm	7		NE 1	?	?
					Moyennes.					
1 à 10	746,58	8,9	745,20	9,4					745,37	9,2
11 à 20	742,71	5,6	742,13	6,5					742,28	5,6
21 à 30	738,72	- 0,3	738,63	1,4					738,22	0,5
1 à 30	742,51	4,60	741,99	5,74					741,89	4,06

DATES.	TEMPÉR. EXTRÊMES. minimum.	maximum.	moyen	PLUIE en 24 h. en millim	Vent pluvieux	PHÉNOMÈNES JOURNALIERS.
1	7,9	12,8	10,4	»		R. Bl. Quelques gouttes à 8 h. du matin.
2	10,0	10,7	10,4	»		Id. Id. Id. id. à 1 h. du soir.
3	7,9	9,7	8,8	»		Rosée. Brouillard.
4	8,0	10,6	9,3	»		Brouillard.
5	8,3	10,5	9,5	»		Idem.
6	8,3	11,2	9,8	»		Brouillard.
7	6,3	10,3	8,3	»		R. Bl. Quelques gouttes à 6 h. du soir.
8	4,7	9,2	7,0	0,10	NE	Brouillard. Qq. gouttes à 7 h. 1/2 du mat.
9	5,8	9,7	7,8	»		Rosée. Brouillard.
10	6,2	9,7	8,0	»		Pluie le soir à partir de 1 h.
11	7,0	8,5	7,8	3,75	SO	P. jusqu'à 7 h. du mat. Pl. fine par interv.
12	3,8	6,8	5,5	6,80	NO	Pluie jusqu'à 6 h. du soir.
13	6,3	9,0	7,7	1,80	NO	Pluie très-fine le soir.
14	7,4	9,2	8,3	0,40	NO	Brouillard. Pluie fine.
15	7,8	9,0	8,4	1,05	NO	Pluie fine.
16	7,0	9,0	8,0	1,10	NO	Brouillard.
17	5,3	6,0	5,7	»		Rosée. Brouillard. Pluie très-fine le soir.
18	3,9	6,5	5,2	0,20	NO	Brouillard.
19	2,5	4,0	3,3	»		Idem.
20	- 3,3	1,0	- 1,2	»		Brouillard. Gelée blanche.
21	- 3,4	0,8	- 1,3	»		Gelée blanche.
22	- 7,5	0,0	- 3,8	»		G. bl. Neige de 2 h. à 4 h. 1/2 du soir.
23	- 2,7	1,3	- 0,7	»		
24	- 5,6	0,7	- 2,5	»		Gelée blanche. Grand vent le jour.
25	- 2,3	1,5	- 0,4	»		Brouillard.
26	- 0,6	2,4	0,9	»		Neige le soir à partir de 7 h.
27	- 0,7	3,0	1,2	1,28	S	Id. id. id. de 9 h.
28	2,0	3,7	2,9	0,80	SE	Brouillard.
29	0,3	3,0	1,7	1,90	NE	Bl. Pluie jusqu'à vers 7 h. du matin.
30	0,3	5,3	2,8	»		Brouillard. Gelée blanche.
	Moyennes.			Somm		
1 à 10	7,3	10,4	8,9	0,10		
11 à 20	4,8	6,9	5,9	15,10		
21 à 30	- 2,0	2,2	0,1	3,98		
1 à 30	3,36	6,50	4,94	19,18		

DATES.	10 H. DU MAT. Bar. à 0°.	Temp. extér.	MIDI. Bar. à 0°.	Temp. extér.	Config. des nuages.	Nébul.	Phén.	Vent.	4 H. DU SOIR. Bar. à 0°.	Temp. extér.
1	740,53	2,4	759,77	2,7	Cr 1	0	S	SE 1	759,15	2,0
2	758,89	- 0,4	758,59	1,2	Cr Cm 3	6	V 1	NE 1	758,55	1,9
3	742,77	- 0,7	743,35	1,7	Cr 3	4	V 1	NNE 1	742,85	2,4
4	745,72	2,0	745,68	3,0	Cm St	10	C 1	E 1	746,53	3,1
5	751,72	1,9	750,85	3,2	Cm St	10	C 1	E 1	751,32	3,2
6	754,92	3,8	753,89	5,3	Cm St	10	C 1	SE 1	753,92	4,0
7	?	?	751,50	7,9	Cm St	10	C 3	S 1	?	?
8	745,08	9,4	745,68	6,5	»	10	C 1 P	NO 2	745,54	6,0
9	748,73	5,0	748,75	5,2	Cm St	10	C 1	O 3	748,61	4,8
10	744,41	4,0	742,32	4,0	»	10	C 3 P	SO 2	740,98	6,5
11	748,68	6,7	748,18	7,2	Cm St	9	C 1	SO 1	746,87	5,0
12	744,80	4,5	747,41	5,0	Cm St	7		N 2	751,55	4,2
13	755,42	0,4	753,57	2,0	Cm St 1	6		S 1	754,37	1,3
14	?	?	755,85	5,0	Cr Cm 1	8	S 1	O 2	?	?
15	758,57	0,2	757,77	0,3	Cm St	10	C	NNE 1	756,99	- 0,3
16	759,15	- 0,8	758,89	- 0,2	Cm St	10	C	SE 1	759,15	- 0,8
17	759,65	- 3,0	758,45	- 1,7	»	10	C Br	SE 1	756,54	- 1,6
18	754,58	3,0	754,59	3,8	Cm St	9	C	O 1	753,68	3,9
19	737,94	6,6	737,50	6,9	»	10	C 3 P 1	O 3	738,01	6,0
20	732,35	1,2	731,57	1,0	Cm 1	4		NO 3	751,02	2,9
21	?	?	731,97	2,0	Cm St	10	C 1	O 2	?	?
22	743,99	0,0	744,38	0,8	Cm 1	2		N 1	745,48	- 0,2
23	748,56	- 0,1	748,16	1,2	Cm St	10	C 3 N 1	SO 1	749,00	0,2
24	753,14	1,0	752,90	1,5	»	10	C 3 P 1	SSO 1	753,75	2,1
25	?	?	755,68	6,2	»	10	C 3 P 1	SO 1	?	?
26	757,40	6,3	756,13	6,9	»	10	C 3 P 1	SO 1	754,82	6,2
27	757,50	7,0	756,79	7,5	Cm Cr	5	V 1	O 1	756,30	6,2
28	?	?	752,30	7,0	Cm St	10	C	O 1	?	?
29	745,99	4,7	744,57	5,1	Cm St	10	C	O 1	742,56	4,2
30	736,57	5,6	734,34	6,0		10	C P	S 1	732,06	6,0
31	746,98	4,5	747,57	5,9	Cm St 1	10	C 1	O 1	751,10	4,5
					Moyennes.					
1 à 10	745,62	3,0	745,84	4,1					745,23	3,8
11 à 20	750,08	2,1	750,52	2,9					749,46	2,3
21 à 31	748,75	3,6	747,06	4,6					748,13	3,7
1 à 31	748,13	2,89	747,93	3,94					747,59	3,33

DATES.	TEMPÉR. EXTRÊMES. minimum.	maximum.	moyen	PLUIE en 24 h. en millim	Vent pluvieux	PHÉNOMÈNES JOURNALIERS.
1	1,6	3,3	2,3	»		Brouillard.
2	- 1,8	2,9	0,6	»		Brouillard. Gelée blanche.
3	- 1,8	4,3	1,3	»		Idem. Idem.
4	- 0,7	3,8	1,6	»		Brouillard. Qq. gouttes à 8 h. du matin.
5	1,3	3,5	2,4	2,85	E	Pluie le matin.
6	2,9	5,5	4,2	»		Brouillard.
7	3,3	9,2	6,3	0,40	SO	Pluie par intervalles le jour.
8	8,0	9,4	8,7	2,50	O	Idem idem id. et la nuit.
9	2,5	6,0	4,3	0,40	O	Idem idem id. idem.
10	3,8	9,0	6,4	5,60	SO	Idem idem id. idem.
11	4,3	8,0	6,2	6,00	SO	P. jusqu'à 9 h. du mat. et pend. la soirée.
12	3,5	6,1	4,8	20,40	SE	Pluie jusqu'à 6 h. du matin.
13	- 0,8	3,0	1,1	»		Gelée blanche.
14	- 1,0	6,0	2,5	»		Pluie très-fine à 6 h. du matin.
15	- 0,8	0,9	0,1	»		Brouillard. Gelée blanche.
16	- 1,7	0,2	- 0,8	»		Brouillard. Gelée blanche.
17	- 3,6	- 0,8	- 2,2	»		Brouillard. Givre.
18	- 1,5	4,1	1,3	3,00	SO	Pluie la nuit et pluie très-fine le soir.
19	- 2,0	7,0	2,5	1,09	NO	Grand vent et pluie par intervalles.
20	1,3	3,0	2,3	3,35	O	Gd vent. P. jusq. 10 h. mat. N. de 10 à 11 h. mat.
21	1,2	3,1	2,2	1,50	O	Pluie fine et vent très-fort.
22	0,0	1,6	0,8	0,30	NO	
23	- 1,6	1,2	- 0,2	»		Neige très-fine le jour.
24	0,6	2,8	1,7	1,15	SE	Brouillard. Neige et pluie le matin.
25	2,0	6,3	4,2	1,10	SO	Pluie très-fine toute la journée.
26	5,7	7,2	6,5	0,30	SO	Pluie très-fine toute la journée.
27	5,8	8,2	7,0	0,12	NO	Pluie très-fine le matin.
28	5,4	7,2	6,3	»		Pluie très-fine à 6 h. du matin.
29	4,2	5,2	4,7	»		Grand vent l'après-midi. Pluie le soir.
30	4,3	6,2	5,3	4,20	SE	Pluie par intervalles toute la journée.
31	3,0	6,1	4,6	9,85	SE	
	Moyennes.			Somm		
1 à 10	1,9	5,7	3,8	11,35		
11 à 20	- 0,2	3,8	1,8	34,74		
21 à 31	2,8	5,0	3,9	18,32		
1 à 31	1,53	4,82	3,18	04,61		

Résumé des observations météorologiques faites à Metz en 1862. — **Pressions atmosphériques.**

MOIS.	MOYENNES DES PRESSIONS.			Différence des moy. de 10 h. et de 4 h.	Plus gr. différences de 10 h. à midi. (*)				Plus gr. différences de midi à 4 h. (*)				Plus grandes différences entre deux midi.				PRESSIONS EXTRÊMES.				Différences des pressions extr.
	à 10 heur. (*)	à midi.	à 4 heures (*)		en montant.	DATES.	en descend.	DATES.	en montant.	DATES.	en descend.	DATES.	en montant.	DATES.	en descend.	DATES.	minima absolus.	DATES.	maxima absolus.	DATES.	
	mm	mm	mm	mm	mm		mm		mm		mm		mm		mm		mm		mm		mm
Janvier	743,61	743,20	744,93	0,66	1,68	6	2,36	23	1,46	6	2,50	11	8,88	25-26	9,94	3-4	737,05	4	755,88	27	18,83
Février	748,56	748,38	747,98	0,58	1,35	8	2,36	28	0,98	20	1,74	5	9,69	7-8	5,76	16-17	736,95	18	756,29	9	19,34
Mars..	740,26	740,13	739,34	0,92	7,09	22	1,54	8	2,83	31	3,50	5	18,51	21-22	8,76	1-2	725,65	3	750,57	11	24,94
Avril..	746,62	746,41	745,48	1,14	0,74	1	1,52	22	1,58	23	2,05	2	7,63	3-4	7,00	2-3	737,96	3	751,91	29	13,95
Mai...	744,31	744,09	743,35	0,96	0,59	16	1,28	5	2,08	7	2,26	3	7,35	30-31	7,44	8-9	736,03	12	751,37	2	15,34
Juin...	743,70	743,52	742,85	0,85	1,69	9	1,15	11	2,33	28	2,66	10	7,23	23-24	10,11	10-11	735,90	12	750,73	4	14,83
Juillet.	746,06	743,66	745,32	0,74	1,10	8	1,04	30	2,68	30	2,11	9	9,88	30-31	11,91	5-6	736,97	6	751,33	31	14,36
Août..	744,68	744,31	743,69	0,99	0,63	6	1,41	7	1,04	11	1,68	4	6,49	22-23	6,49	25-26	738,52	8	750,74	25	12,22
Septem	745,99	747,02	745,06	0,93	0,52	26	1,14	10	2,07	3	1,87	26	4,97	16-17	3,01	9-10	739,55	5	750,89	18	11,34
Octobre	746,29	743,87	745,62	0,67	2,77	20	1,64	22	2,83	20	3,09	18	11,10	20-21	11,61	19-20	726,80	20	756,91	5	30,11
Novem	742,51	741,99	741,89	0,62	0,40	12	4,72	13	2,84	13	1,62	10	9,20	26-27	10,45	9-10	729,53	25	750,29	18	20,76
Décem.	748,13	747,93	747,59	0,54	2,61	12	2,23	30	4,14	12	2,28	30	13,03	30-31	17,09	18-19	731,02	20	759,65	17	28,63
ANNÉE. Moy.	743,23	743,05	744,43	0,80	....	..	....	..	....	..	....	..	.....	.....	.....	.....	734,33	..	753,04	..	18,71
Moy. de 10h et de 4h : 744,83				Extr.	7,09	22 mars	4,72	13 nov.	4,14	12 déc.	3,50	5 mars	18,51	21-22 mars	17,09	18-19 déc.	725,65	3 mars	759,65	17 déc.	34,02

(*) Pend[t] *janvier, février* et *mars* les heures des observations ont été, comme autrefois, 9 h. et 3 h. au lieu de 10 h. et 4 h.

Résumé des observations météorologiques faites à Metz en 1862. — **Températures de l'air.**

MOIS.	MOYENNES DES TEMPÉR.			TEMPÉR. JOURNAL. EXTRÊMES. MOYENNES DES				Plus grandes différences en 24 h.				TEMPÉRATURES MINIMA.				TEMPÉRATURES MAXIMA.				Différences des températures extr.
	à 10 h. (*)	à midi.	à 4 heur. (*)	minima.	maxima.	différences	moy.	des minima.	DATES.	des maxima.	DATES.	les plus hautes	DATES.	les plus basses	DATES.	les plus hautes	DATES.	les plus basses	DATES.	
	°	°	°	°	°	°	°	°		°		°		°		°		°		°
Janvier	0,70	2,71	2,95	-1,31	3,70	5,01	1,25	7,7	21-22	7,8	9-10	9,5	31	-12,0	18	12,0	31	-6,4	18	24,0
Février	2,90	5,66	5,75	0,93	6,57	5,64	3,75	7,0	11-12	7,6	23-24	8,7	2	-10,4	9	13,8	19	-2,8	8	24,2
Mars..	6,90	10,85	11,82	3,87	12,63	8,76	8,41	6,4	6-7	9,8	21-22	9,8	28	- 4,7	5	18,8	27	3,0	5	23,5
Avril..	12,79	14,60	15,80	6,57	17,34	10,77	11,96	5,7	16-17	8,7	11-12	14,0	27	- 1,5	15	25,8	26	8,2	14	27,3
Mai...	17,48	18,92	19,00	11,25	20,61	9,36	15,95	5,9	21-22	4,4	28-29	15,3	31	6,8	13	25,0	6	15,8	11	18,2
Juin...	17,00	18,10	18,39	11,68	19,85	8,17	15,77	7,0	8-9	10,0	8-9	16,9	7	7,5	24	29,0	8	13,8	20	21,5
Juillet.	19,11	20,50	21,05	13,65	22,55	8,70	18,00	5,8	30-31	8,7	5-6	19,3	29	8,9	1	29,3	27	15,5	12	20,4
Août..	18,99	20,59	20,86	13,06	21,84	8,78	17,45	6,4	3-4	4,9	5-6 27-28	18,6	3	10,0	14	27,2	2	17,0	11	17,2
Septem	16,93	18,45	18,77	11,83	20,05	8,22	15,94	4,4	24-25	6,6	10-11	15,8	2	6,8	23	23,4	16	14,8	11	16,6
Octob..	11,71	13,91	13,12	8,06	14,85	6,77	11,45	7,1	16-17	5,8	13-14	13,7	13	0.9	29	21,8	14	8,8	29	20,9
Novem	4,60	5,74	4,96	3,36	6,50	3,14	4,93	5,8	19-20	3,0	16-17 19-20	10,0	2	- 7,5	22	12,8	1	-3,8	22	20,3
Décem	2,89	5,94	3,53	1,53	4,82	3,29	3,18	5,5	8-9	5,1	14-15	8,0	8	- 3,6	17	9,4	8	-0,8	17	13,0
ANNÉE. Moy.	11,00	12,81	12,98	7,04	14,26	7,22	10,65	.....	.....	.....	.....	13,30	..	0,40	..	20,69	..	6,91	..	20,59
ANNÉE. Ext.	.....	.....	.....	.....	.....	.....	.....	7,7	21-22 janv.	10,0	8-9 juin.	19,3	29 juill.	-12,0	18 janv.	29,3	27 juill.	-6,4	18 janv.	41,3

(*) Pend[t] *janvier, février* et *mars* les heures des observations ont été, comme autrefois, 9 h. et 3 h. au lieu de 10 h. et 4 h.

Résumé des observations météorologiques faites à Metz en 1862. — **Vents et Hydro-météores.**

MOIS.	Nombres de jours où, à midi, le vent a été								Nombres de jours de							NÉBUL. MOYENNES.				Pluies dans la cour						
																				pour les régions						
	N	NE	E	SE	S	SO	O	NO	pluie.	grêle.	neige.	gelée.	gelée bl.	ton., or.	brouillard	à 10h. (*)	à midi.	à 4 h. (*)	moyenne	NE	SE	SO	NO	TOTALES.	maxima en 24 h.	DATES.
																				mm	mm	mm	mm	mm	mm	
Janvier .	3	6	2	1	6	7	5	3	17	1	6	17	5	»	13	8	7	7	7	0,7	21,8	46,5	13,7	82,7	19,35	10
Février .	1	9	5	2	2	6	2	1	9	1	1	11	12	»	15	7	6	7	7	»	8,0	9,0	3,6	20,6	11,70	21
Mars . . .	1	1	3	1	11	10	2	2	15	2	2	6	2	1	25	7	6	6	6	»	14,6	17,9	9,7	42,2	6,05	6
Avril . . .	6	5	3	1	3	5	6	1	10	»	2	4	5	2	6	5	6	5	5	»	4,6	8,1	13,7	26,4	9,20	10
Mai	4	4	5	»	2	8	7	1	15	2	»	»	»	6	3	6	7	6	6	2,8	30,0	8,5	8,4	49,7	30,95	15
Juin. . . .	4	1	1	2	»	6	12	4	18	»	»	»	»	4	2	9	9	8	9	2,2	0,7	27,4	22,2	52,5	17,50	9
Juillet . .	3	3	»	»	1	7	13	2	18	»	»	»	»	5	2	7	7	7	7	5,4	11,9	47,8	24,4	89,5	15,40	15
Août . . .	5	3	4	»	3	4	8	4	13	»	»	»	»	1	2	7	7	7	7	3,0	7,5	18,0	22,0	50,4	12,50	28
Septemb	6	5	5	1	6	5	2	»	9	»	»	»	»	1	1	5	5	6	5	23,6	»	3,5	11,6	38,7	16,80	25
Octobre.	1	6	1	»	7	8	8	»	16	»	»	»	4	1	12	6	6	5	6	»	0,2	39,0	7,4	46,6	10,20	21
Novemb.	9	8	3	1	2	5	2	»	11	»	3	8	5	»	19	9	9	9	9	2,0	1,4	4,4	11,4	19,2	6,80	12
Décemb.	3	2	2	4	3	6	9	2	18	»	3	11	5	»	9	9	8	8	8	1,4	37,0	21,0	5,2	64,6	20,40	12
ANNÉE { Sommes	46	53	34	13	46	77	76	20	169	6	17	57	38	21	107	»	»	»	»	41,1	137,5	251,1	153,3	583,0	> Max. en 24 h.	
	126	145	93	36	126	211	208	35	Maxima.							7,1	6,8	6,8	6,8	Pluies sur le toit.						
. . .	Nomb. prop. pour 1000 vents.								Juil.	Mars	Janv	Janv	Fév.	Mai.	Mars	Moy. pr l'année				33,0	121,0	185,7	142,5	484,0	30,95	15 mai

(*) Pendt *janvier, février* et *mars* les heures des observations ont été, comme autrefois, 9 h. et 3 h. au lieu de 10 h. et 4 h.